高等职业院校教学改革创新示范教材·软件开发系列

HTML5+CSS3 项目开发实战

王庆桦　王新强　主　编
王　玥　副主编

电子工业出版社
Publishing House of Electronics Industry
北京·BEIJING

内 容 简 介

本书以HTML5与CSS3知识点为主线，以响应式布局项目为任务载体，采用迭代递增的网页设计方法，根据项目需求来逐步完成任务，实现学习相关知识与动手实操并重的目的。全书按照网页设计的步骤，围绕HTML5与CSS3重要特性编写而成，通过详细讲解各个任务的制作来对知识点进行总结，使读者更详细地了解网页设计制作技术。

本书以学习者为中心，不仅强调基本技能的训练、基础知识的夯实，还注重拓展能力的培养，所以内容编排方式为"学习目标、学习路径、项目描述、项目实施、项目拓展、项目总结、英语角、项目习题"，内容翔实、难度渐进、结构清晰、语言准确，使读者能够学以致用。

本书既可作为高职院校和应用型大学网页设计课程的教材，也可作为信息技术培训机构的培训用书，还可以作为网页设计与制作人员的参考用书。

未经许可，不得以任何方式复制或抄袭本书之部分或全部内容。
版权所有，侵权必究。

图书在版编目（CIP）数据

HTML5+CSS3项目开发实战/王庆桦，王新强主编. —北京：电子工业出版社，2017.2
ISBN 978-7-121-30630-3

Ⅰ.①H… Ⅱ.①王… ②王… Ⅲ.①超文本标记语言－程序设计②网页制作工具 Ⅳ.①TP312.8 ②TP393.092.2

中国版本图书馆CIP数据核字（2016）第305961号

策划编辑：程超群
责任编辑：郝黎明
印　　刷：北京盛通商印快线网络科技有限公司
装　　订：北京盛通商印快线网络科技有限公司
出版发行：电子工业出版社
　　　　　北京市海淀区万寿路173信箱　邮编 100036
开　　本：787×1 092　1/16　印张：13.5　字数：345.6千字
版　　次：2017年2月第1版
印　　次：2021年7月第6次印刷
定　　价：36.00元

凡所购买电子工业出版社图书有缺损问题，请向购买书店调换。若书店售缺，请与本社发行部联系，联系及邮购电话：(010) 88254888，88258888。
质量投诉请发邮件至 zlts@phei.com.cn，盗版侵权举报请发邮件至 dbqq@phei.com.cn。
本书咨询联系方式：(010) 88254577，ccq@phei.com.cn。

随着信息技术向纵深发展,作为依托互联网发展起来的网站制作面临新的挑战。一方面,用户更加注重站点信息丰富、功能齐备、页面精美、操作流畅;另一方面,要满足用户不受系统平台和软件插件的限制,可以通过移动设备访问网站。Web 新技术 HTML5 和 CSS3 能够实现这些新要求,使其迅速成为网页设计的热点。

网页设计与制作课程是 B/S 架构软件项目开发的 Web 前端技术课程,而 HTML 与 CSS 是网页制作技术的核心和基础,也是每个网页制作者必须掌握的基本知识,两者在网页设计中不可或缺。

网页设计本身是一个复杂的系统过程,需要了解问题,对问题进行分析,用逻辑的方法确定最佳的优化方案,最后通过相关技术来实现。初学者如何掌握网页设计的方法尤为重要。本书以 HTML5 与 CSS3 技术为工具,以响应式布局 Web 页面设计为载体,强调问题的分析、技术的掌握、能力的拓展,所有知识点都紧跟 HTML5 与 CSS3 的发展动态,以创新的模式、结构化的设计、实用的案例、简明的语言详细介绍了使用 HTML5 与 CSS3 进行网页设计与制作的相关内容和技巧。

本书针对职业教育人才培养规格的需要,突出职业素质教育和技术应用能力,运用创新思维模式理实一体系统化教学方法。各项目首先确定学习目标,通过项目实施掌握相关的基本知识,然后通过拓展练习强调基本技能的训练,最后辅以习题。本书每个项目都提供英语角,形成专业词汇提示,帮助读者对国际化专业术语的认识,提升学习效果。

本书编写有以下特色:

(1)全书结构广度层面体现了职业教育特点,以应用为主,适度够用为量,内容以 HTML5 与 CSS3 技术的技能训练为主线,突出能力的培养,内容完整、由浅入深、循序渐进,层次清楚。

(2)各项目结构深度层面运用了思维导图形式,提供一个以职业技能发展为主轴的结构化学习方案,直观体现学习路径,提升学习效率。

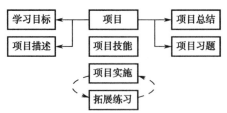

(3) 内容采用任务驱动、项目导入、教学做一体化模式编排而成,通过任务驱动将项目载体融入教学,高强度培养学生工程实践能力,要求在教学过程中达到项目实践实训的目的,实现技术培养与行业企业人才需求接轨。

(4) 项目设计实用性强,选取当今互联网热点网站设计作为素材,将8个仿真项目融入教材,提高了学习者的学习热情;同时,添加了企业站点开发的管理规范元素,突出项目管理理念。

(5) 突出"做中学、做中教、做中练",与项目剖析相结合,在体系结构安排上,尽可能将HTML5+CSS3的重要特性与项目相结合。通过项目的分析、设计、总结,将所学的知识与技能点融会贯通,易于理解,能够帮助读者提升实际应用技能。

(6) 注重"以能力培养为核心,强化实际操作的训练",每个项目都精心设计了拓展练习,目的明确,突出实用性、操作性。考虑到初学者经常困惑于如何进行页面程序的设计,拓展项目给出了相关的提示步骤,使学生在学习的过程中不至于"毫无头绪"而产生厌烦,从而提高学习的兴趣和对编程的爱好程度。

(7) 配有针对性的习题,强调每个项目的学习重点,巩固对知识的掌握。同时,每个项目的英语角提供了相应的专业词汇,利于专业国际化标准的引入和职业素养的培养。

(8) 丰富的新形态教学资源。本书除配套提供电子教学课件、案例库、习题库之外,还提供了大量的关于网页设计、HTML5和CSS3技术的数字资源库,读者可以通过扫描二维码获取相关资料,实现课程全方位的资源共享。

本书由长期工作在职业教育教学一线,同时具有企业实践开发经验的教师编写而成。其中,项目1~项目4主要由王庆桦老师编写,项目5~项目8和附录主要由王新强老师编写,王玥老师编写了本书部分内容。全书由王庆桦老师统稿。

虽然编者力求准确无误、尽善尽美,但由于时间仓促,书中的内容仍难免出现错误或不足之处,恳请专家、教师和读者批评指正。

编 者

CONTENTS 目录

项目 1 服装品牌墙界面设计 ·· 1
  学习目标 ·· 1
  学习路径 ·· 1
  项目描述 ·· 1
  项目技能 ·· 3
    1.1 HTML5 概述 ·· 3
    1.2 HTML5 基础 ·· 3
    1.3 网页编辑器及环境 ·· 5
    1.4 CSS3 初体验 ·· 7
    1.5 CSS 样式表 ·· 8
    1.6 CSS 选择器 ·· 11
  项目实施 ·· 16
  项目拓展 ·· 20
  项目总结 ·· 22
  英语角 ·· 22
  项目习题 ·· 22

项目 2 新浪微博导航界面设计 ·· 24
  学习目标 ·· 24
  学习路径 ·· 24
  项目描述 ·· 24
  项目技能 ·· 25
    2.1 HTML5 文本标签 ··· 26
    2.2 CSS 文本属性 ·· 30
    2.3 CSS 字体属性 ·· 38
    2.4 CSS 颜色 ··· 42
    2.5 CSS 导航栏 ··· 43
    2.6 固定布局和流动布局 ·· 45
  项目实施 ·· 46
  项目拓展 ·· 53

项目总结 ·· 54
　　英语角 ·· 55
　　项目习题 ·· 55
项目3　同城旅游主界面设计 ·· 56
　　学习目标 ·· 56
　　学习路径 ·· 56
　　项目描述 ·· 56
　　项目技能 ·· 57
　　　3.1　网页中支持的图片格式 ··· 57
　　　3.2　HTML5 图像标签 ·· 58
　　　3.3　设置背景属性 ··· 60
　　　3.4　盒子模型 ·· 67
　　　3.5　CSS3 新增边框属性 ·· 72
　　　3.6　HTML5 图像过渡和变形属性 ··· 76
　　任务实施 ·· 80
　　任务拓展 ·· 88
　　任务总结 ·· 90
　　英语角 ·· 90
　　任务习题 ·· 91
项目4　小快鱼旗舰店主界面设计 ·· 92
　　学习目标 ·· 92
　　学习路径 ·· 92
　　项目描述 ·· 92
　　项目技能 ·· 94
　　　4.1　列表的作用 ··· 94
　　　4.2　HTML5 文本列表标签 ··· 94
　　　4.3　CSS 列表标签属性 ·· 97
　　　4.4　HTML5 创建表格 ·· 101
　　　4.5　CSS 定位 ·· 105
　　项目实施 ·· 110
　　项目拓展 ·· 119
　　项目总结 ·· 120
　　英语角 ·· 121
　　任务习题 ·· 121
项目5　同城旅游用户注册界面设计 ··· 122
　　学习目标 ·· 122
　　学习路径 ·· 122
　　项目描述 ·· 122
　　项目技能 ·· 123
　　　5.1　表单的概述 ··· 123
　　　5.2　表单基本元素的使用 ··· 125

  5.3 HTML5 新增的 input 属性 ·································· 135
 项目实施 ·· 142
 项目拓展 ·· 146
 项目总结 ·· 149
 英语角 ·· 149
 任务习题 ·· 149

项目 6 天天动听播放器界面设计 ···································· 150
 学习目标 ·· 150
 学习路径 ·· 150
 项目描述 ·· 150
 项目技能 ·· 151
  6.1 audio 标签概述 ······································· 151
  6.2 audio 标签的属性 ····································· 153
  6.3 video 标签概述 ······································· 153
  6.4 video 标签的属性 ····································· 154
 项目实施 ·· 155
 项目拓展 ·· 157
 项目总结 ·· 158
 英语角 ·· 158
 任务习题 ·· 158

项目 7 使用 HTML5 绘制火柴棒人物 ································ 160
 学习目标 ·· 160
 学习路径 ·· 160
 项目描述 ·· 160
 项目技能 ·· 161
  7.1 Canvas 概述 ·· 161
  7.2 Canvas 绘制基本图形 ·································· 162
  7.3 绘制渐变图形 ··· 166
  7.4 绘制变形图形 ··· 169
  7.5 图形组合 ··· 175
  7.6 使用图像 ··· 176
  7.7 绘制文字 ··· 177
  7.8 SVG ··· 179
 项目实施 ·· 179
 项目拓展 ·· 182
 项目总结 ·· 184
 英语角 ·· 184
 项目习题 ·· 184

项目 8 HTML5+CSS3 开发购物网首页 ······························ 186
 学习目标 ·· 186
 学习路径 ·· 186

项目描述 …………………………………………………………………… 186
项目规划 …………………………………………………………………… 187
  8.1 网站定位 ……………………………………………………… 187
  8.2 需求分析 ……………………………………………………… 188
  8.3 网站的风格设计 ……………………………………………… 188
项目实施 …………………………………………………………………… 188
项目拓展 …………………………………………………………………… 202
项目总结 …………………………………………………………………… 204
附录 参考答案 ……………………………………………………………… 205
参考文献 ……………………………………………………………………… 206

项目 1 服装品牌墙界面设计

通过实现服装品牌墙界面,学习 HTML5 与 CSS3 相关知识,了解 HTML5 与 CSS3 发展历史和基础标签的使用,以及自适应网站标签的使用。在项目实现过程中:

- 了解 HTML5 的文档结构、新增标签
- 了解 CSS 样式规则
- 掌握 CSS3 选择器的使用
- 了解自适应网站的概念

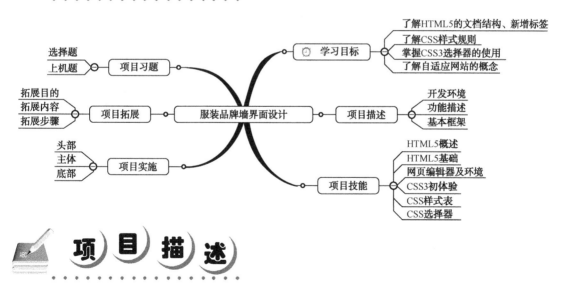

【情境导入】

随着智能手机的兴起,使用移动平台进行网上购物方兴未艾,其特点之一是操作具有针对性,如以服装品牌、性价比作为选择服装的条件,通过品牌服装墙显示服装所对应的牌子以及牌子所对应商品的链接。本项目主要是实现服装品牌墙界面的设计。

【功能描述】

- 使用响应式布局技术来设计服装品牌墙界面
- 头部包括服装品牌墙的标题
- 主体包括各种品牌的图标及说明
- 底部包括本站点的版权信息

【基本框架】

基本框架如图 1.1 所示，通过本项目的学习，能将框架图 1.1 转换成效果图 1.2。

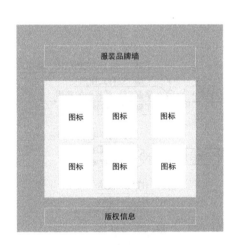

图 1.1　框架图　　　　　　　　　　　　图 1.2　效果图

【开发运行环境】

- 系统环境：Windows 7 及以上操作系统。
- 软件环境：Dreamweaver CS6。
- 服务器：Tomcat 7.0。
- 浏览器：电脑端——火狐浏览器、谷歌浏览器；
  　　　　手机端——Webkit 内核浏览器、Android 手机内置浏览器。

1.1 HTML5 概述

1. HTML5 的发展

HTML 指超文本标记语言,主要是用来制作超文本的简单标记语言,HTML 是 1990 年被创建的一种标记性语言,1999 年推出 HTML4 后就停止了。HTML4 停止以后人们开始期待新的版本出现,为了推动 Web 前端的发展,一些公司联合起来开发了 Web 表单和应用程序,我们所熟悉的 W3C 主要专注于 XHTML 2.0 开发,在 2006 年两个公司进行了合作,开始创建一个新版本的 HTML,也就是 HTML5。HTML5 草案在 2004 年提出,W3C 接受 HTML5 草案是在 2007 年,同年成立了自己的 HTML 工作团队,第一份草案在 2008 年公布。

2. HTML5 的优点

(1)取消过时标签,新增一些标签。

HTML5 诞生以后,为了简化和美化代码,取消了一些不常用的标签,在取消无用标签的同时新增了一些标志性的标签,现在可以通过 HTML5 中的头部标签<header>来定义,不再需要定义 DIV 标签之后再给 DIV 添加一个 class 或者 ID 标签,HTML5 中添加这些标签的原因是要改善文档的结构性功能。

(2)解决浏览器兼容问题。

在 HTML5 诞生之前,制作的界面根据浏览器的不同,显示的效果也不太一样,为了能在每个浏览器中看到一样的效果,HTML5 诞生了,HTML5 分析了各个浏览器所使用的内核和它们所具备的功能,根据这些功能和需求制定了浏览器都可以使用的规范,从而达到浏览器兼容的问题。

(3)代码化繁为简。

HTML5 作为当下流行的语言,已经尽可能地简化了,严格遵循"简单至上"的原则,主要体现为以下几点。

① 简化的 DOCTYPE。
② 字符集声明。
③ 以浏览器原生能力替代复杂的 JavaScript。
④ 简单而强大的 API。

1.2 HTML5 基础

1. HTML5 文档的基本结构

每门语言都有自己特定的格式和规范,HTML5 也不例外。HTML5 文档的基本结构如下:

```
<!doctype html>
<html>
```

```
<head>
<meta charset="utf-8">
<title>无标题文档</title>
</head>
<body>
</body>
</html>
```

HTML5 文档结构中包括以下四部分：

（1）<!DOCTYPE>用于向浏览器说明当前文档使用哪种 HTML 标签。

（2）<html>和</html>分别表示文档的开始和结束，用于告知浏览器其自身是一个 HTML 文档。

（3）<head></head>为头部标签，用于定义 HTML 文档的头部信息，紧跟在<html>标签之后，里面包括的内容有<title>、<meta>、<link>和<style>等。

（4）<body></body>为主体标签，用于定义 HTML 文档所要显示的内容，在浏览器中所看到的图片、音频、视频、文本等都位于<body>内。该标签中的内容是展示给用户看的。

2．HTML5 语法

HTML5 为了更加兼容各浏览器，在设计和语法方面发生了一些变化，语法变化的主要内容如下。

（1）标签不区分大小写。

（2）元素可以省略结束标签。

（3）允许省略属性的属性值。

（4）允许属性值不使用引号。

3．HTML5 新增标签

HTML5 和 HTML 以前版本相比，增加了结构标签、语义标签、特殊功能标签、audio 和 video 标签等。其中新增的标签如表 1.1 所示。

表 1.1 HTML5 新增标签

标　　签	描　　述
<article>	用于描述页面上一处完整的文章
<nav>	用于定义导航条，包括主导航条、页面导航、底部导航等
<aside>	用于定义当前页面的附属信息，内容和 article 内容相关
<hgroup>	用于对网页或区段（section）的标题进行组合
<figure>	用于对元素进行组合
<header>	用于定义文档的页眉（介绍信息）
<footer>	用于定义 section 或 document 的页脚

 拓　展

想了解或学习 HTML5 新增标签，可扫描图中二维码，获取更多信息。

1.3 网页编辑器及环境

HTML5 本身是十分简单的,可是要制作一个精美的网页却不容易,这需要较长时间的实践。在这个过程中,除了要多做之外,还要多看,看别人的网页是怎么设计、制作的。有时,同一种网页效果可以采用多方法来完成。

1. 网页编辑器

自从 Macromedia 的 Dreamweaver CS6 崛起之后,人们制作网页已经基本上不使用 Microsoft 的 FrontPage 了。除了 Dreamweaver 之外,还有许多专业制作网页的商业软件也十分实用。本书使用 Dreamweaver CS6 软件。实现的网页效果如图 1.3 所示。

图 1.3 Dreamweaver CS6

2. 自适应网页设计

当使用 Dreamweaver CS6 进行网页编辑之后,打开浏览器就会看到想要的效果,随着智能手机的普及,设计的界面也需在手机端显示,为了能够在手机端正常显示,需要网页宽度自动调整好。

(1) 加入元标签。在网页代码的头部,加入一行 viewport 元标签。

```
< meta name="viewport" content="initial-scale=1.0, maximum-scale=1.0, minimum-scale=1.0, user-scalable=yes, width=device-width"/>
```

其中:

width=device-width 表示宽度是设备屏幕的宽度;

initial-scale=1.0 表示初始的缩放比例;

minimum-scale=1.0 表示最小的缩放比例;

maximum-scale=1.0 表示最大的缩放比例；

user-scalable=yes 表示用户是否可以调整缩放比例。

（2）不使用绝对宽度。所谓不使用绝对宽度就是说 CSS 代码不能指定像素宽度，如 width: xxx px;。

只能指定百分比来定义列宽度，如 width: xx%;或者 width:auto;，或者使用最大宽度和最大高度 max-width、max-height。

（3）Media Query 模块。Media Query 模块可自动探测屏幕宽度，然后加载相应的 CSS 文件。

例如，media="screen and (max-device-width: 300px)"href="tiny.css" />表示如果屏幕宽度小于 300 像素（max-device-width: 300px），则加载 tiny.css 文件。media="screen and (min-width: 300px) and (max-device-width: 600px)" href="small.css" />表示如果屏幕宽度在 300 像素和 600 像素之间，则加载 small.css 文件。

（4）@media。@media 规则用于同一个 CSS 文件，根据不同的屏幕分辨率，选择不同的 CSS 规则。

例如，@media screen and (max-device-width: 400px) {.column {float: none;width:auto;} #sidebar {display:none;}}表示如果屏幕宽度小于 400 像素，则 column 块取消浮动（float:none）、宽度自动调节（width:auto），sidebar 块不显示（display:none）。

> **拓 展**
>
> 想了解更多自适应网页设计的标签和方法，可扫描图中的二维码，获取更多信息。

3．手机端访问网页环境部署

在 Dreamweaver CS6 制作完之后，单击浏览器就能出现效果，要想要在手机上访问，则不仅需要在头部添加响应式布局所对应的代码，还需配置服务器的环境（本处以 Tomcat 7.0 为例进行说明）。

（1）下载 Tomcat 软件，网址为 http://tomcat.apache.org/download-70.cgi。

（2）配置 Tomcat 环境。

> **拓 展**
>
> 配置相关的服务器 Tomcat 软件以及 JDK 的安装和配置，可扫描图中的二维码，获取更多信息。

（3）启动 Tomcat 软件：运行 Tomcat 中 bin 目录下的 startup.bat。Tomcat 启动成功后的效果如图 1.4 所示。

（4）启动成功后在网页上输入 localhost:1010，效果如图 1.5 所示。（1010 为 Tomcat 端口号，默认端口号为 8080。）

（5）把相应的项目放到 Tomcat 目录下的 webapps 文件中。

（6）配置局域网，使手机和计算机在同一局域网中。

（7）打开手机浏览器，输入 localhost:端口号/文件夹/文件.html，即可访问计算机端的网页。

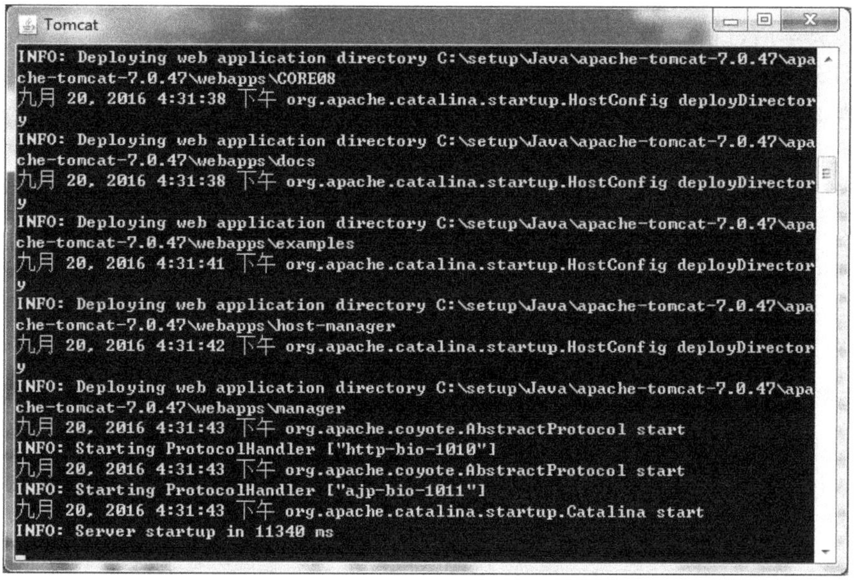

图 1.4　Tomcat 启动成功

图 1.5　Tomcat 运行效果

1.4　CSS3 初体验

1．CSS3 概述

CSS 即层叠样式表（Cascading StyleSheet）。在网页制作时采用层叠样式的技术，可以有效地对页面的布局、字体、颜色、背景和其他效果进行更精确的控制。CSS3 是 CSS 技术的升级版本。CSS3 将完全向后兼容，网络浏览器将继续支持 CSS。

CSS3 的特点如下。

（1）更加灵活地控制网页中文字的字体、颜色、大小、间距、位置。

（2）灵活地设置一段文本的行高、缩进，并可以为其加入三维效果的边框。

（3）方便为网页中任何元素设置不同的背景颜色和背景图像。

（4）精确地控制网页中各元素的位置。

（5）为网页中的元素设置各种过滤器，从而产生阴影、模糊、透明等效果。

(6）与脚本语言相结合，从而产生各种动态效果。
2．CSS 样式规则
学习任何一样新的知识或技能，首先要学习它的规则，然后在这个框架内充分发挥其效果。CSS 样式规则具体格式如下。

```
选择器{属性1:属性值1；属性2:属性值2}
```

在上面的规则中，选择器表示希望进行格式化的元素，大括号内是对该元素设置的具体样式，属性是对指定的对象设置样式属性，如文字大小、颜色、字体等。属性和属性值之间用英文的"："连接，多个属性之间用英文的"；"进行区分。

例如，p{font-size:10px;color:red}表示 p 元素的字体大小为 10 像素，字体颜色为红色。

1.5　CSS 样式表

在 CSS 中可以使用如下 4 种方法，将样式表的功能加到网页里。
（1）定义标记的 style 属性。
（2）定义内部样式表。
（3）嵌入外部样式表。
（4）链接外部样式表。
1．定义标记的 style 属性
将 CSS 样式定义在 HTML 标记内，这是最简单的样式制定方法。采用这种方式的弊端是效果只能控制该 HTML 标记，无法做到通用和共享。基本语法如下。

```
<标记 style= "样式属性:属性值……">
```

该语法格式中，style 是标记的属性，实际上任何 HTML 标记都拥有 style 属性，用来设置行内式。其中，属性及值的书写规范和 CSS 样式规则相同。

使用标记的 style 属性实现效果如图 1.6 所示。

图 1.6　标记的 style 属性

为了实现图 1.6 的效果，新建 CORE0101.html，代码如 CORE0101 所示。

```
//代码 CORE0101：标记的 style 属性
<!doctype html>
<html>
<head>
<meta charset="utf-8">
<meta content="width=device-width, initial-scale=1.0, minimum-scale=1.0,
maximum-scale=1.0,user-scalable=no" name="viewport" />
<meta name="format-detection" content="telephone=no"/>
<meta name="apple-mobile-web-app-status-bar-style" />
<title>标记的 style 属性</title>
</head>
<body>
<p style="font-size:20px;color:red">p元素的字体大小为10像素,字体颜色为红色</p>
<p>此行文字未定义 style 属性</p>
</body>
</html>
```

2．定义内部样式

内部样式表在所应用的 HTML 文档的头部设置，然后在整个 HTML 文件中直接调用该样式的标记。基本语法：

```
<style type="text/css">
选择符1{样式属性：属性值；样式属性：属性值}
选择符2{样式属性：属性值；样式属性：属性值}
……．
</style>
```

该语法格式中，<style>标记一般位于<head>标记中，也可以把它放在 HTML 文档的任何地方。但浏览器是从上到下解析代码的，把 CSS 代码放在头部便于提前被下载和解析。

定义内部样式效果如图 1.7 所示。

图 1.7　定义内部样式

为了实现图 1.7 的效果，新建 CORE0102.html，代码如 CORE0102 所示。

```
//代码 CORE0102：定义内部样式
<!doctype html>
<html>
<head>
<meta charset="utf-8">
<meta content="width=device-width, initial-scale=1.0, minimum-scale=1.0, maximum-scale=1.0,user-scalable=no" name="viewport" />
<meta name="format-detection" content="telephone=no"/>
<meta name="apple-mobile-web-app-status-bar-style" />
<title>定义内部样式</title>
<style type="text/css">
.p1{font-size:20px;color:red}//字体大小为 10 像素，字体颜色为红色
</style>
</head>
<body>
<p class="p1">p 元素的字体大小为 10 像素，字体颜色为红色</p>
<p>此行文字未定义 style 属性</p>
</body>
</html>
```

3. 嵌入外部样式表

嵌入外部样式表就是在 HTML 代码中直接导入样式表。基本语法：

```
<style type="text/css">
@import url("外部样式表的文件名称");
</style>
```

该语法格式中 import 语句后的 ";" 一定要加上。

为了实现图 1.7 的效果，新建 CORE0103.html，代码如 CORE0103 所示。

```
//代码 CORE0103：嵌入外部样式
<!doctype html>
<html>
<head>
<meta charset="utf-8">
<meta content="width=device-width, initial-scale=1.0, minimum-scale=1.0, maximum-scale=1.0,user-scalable=no" name="viewport" />
<meta name="format-detection" content="telephone=no"/>
<meta name="apple-mobile-web-app-status-bar-style"  />

<title>定义内部样式</title>
<style type="text/css">
@import url("test.css");
</style>
</head>

<body>
<p class="p1">p 元素的字体大小为 10 像素，字体颜色为红色</p>
<p>此行文字未定义 style 属性</p>
</body>
</html>
```

test.css 代码如 CORE0104 所示。

```
//代码 CORE0104：嵌入外部样式
.p1{font-size:20px;color:red}
```

4．链接外部样式表

除了以嵌入外部样式表的方法达到在 HTML 文件中引用样式表的目的之外，还可以用链接的方式使用外部 CSS 样式。基本语法：

```
<link type="text/css" rel="stylesheet" href="外部样式表的文件名称">
```

该语法中，<link>标记要放在<head>头部标记中。

要想实现图 1.2 的效果，只需把代码中的

```
<style type="text/css">
@import url("test.css");
</style>
```

换成<link type="text/css" rel="stylesheet" href="test.css">即可。

1.6 CSS 选择器

要想将 CSS 样式应用于特定的 HTML 元素，首先需要找到该目标元素，在 CSS 中，执行这一任务的样式规格部分被称为选择器。

1．类选择器

类选择器根据类名来选择前面以"."标志的选择器，使用类选择器设置样式的效果如图 1.8 所示。

图 1.8　类选择器

为了实现图 1.8 的效果，新建 CORE0105.html，代码如 CORE0105 所示。

```
//代码 CORE0105：类选择器
<!doctype html>
```

```
<html>
<head>
<meta charset="utf-8">
<meta content="width=device-width, initial-scale=1.0, minimum-scale=1.0, maximum-scale=1.0,user-scalable=no" name="viewport" />
<meta name="format-detection" content="telephone=no"/>
<meta name="apple-mobile-web-app-status-bar-style"  />
<title>类选择器</title>
<style>
.p1{font-size:20px;color:red}
.p2{
      color:blue;}
</style>
</head>
<body>
<p class="p1">p 元素的字体大小为 10 像素，字体颜色为红色</p>
<p class="p2">此行文字字体为蓝色</p>
</body>
</html>
```

2. 标签选择器

一个完整的 HTML 页面是由很多不同的标签组成的，而标签选择器决定哪些标签采用相应的 CSS 样式。使用标签选择器设置样式的效果如图 1.9 所示。

图 1.9　标签选择器

为了实现图 1.9 的效果，新建 CORE0106.html，代码如 CORE0106 所示。

```
//代码 CORE0106：标签选择器
<!doctype html>
<html>
<head>
<meta charset="utf-8">
```

```
<meta content="width=device-width, initial-scale=1.0, minimum-scale=1.0,
maximum-scale=1.0,user-scalable=no" name="viewport" />
    <meta name="format-detection" content="telephone=no"/>
    <meta name="apple-mobile-web-app-status-bar-style"  />

    <title>标签选择器</title>
    <style>
    p{font-size:20px;color:red}

    </style>
    </head>

    <body>
    <p>p 元素的字体大小为 10 像素，字体颜色为红色</p>
    <div>此行文字无任何效果</p>
    <p>p 元素的字体大小为 10 像素，字体颜色为红色</p>
    </body>
    </html>
```

3. ID 选择器

ID 选择器可以为标有特定 ID 的 HTML 元素指定特定的样式。根据元素 ID 来选择元素具有唯一性，这意味着同一 ID 在同一文档页面中只能出现一次，其前面以"#"来标志，如想实现图 1.9 的效果，只需设置样式为

```
p1{font-size:20px;color:red}
```

4. 后代选择器

后代选择器也称为包含选择器，用来选择特定元素或元素组的后代，将对父元素的选择放在前面，对子元素的选择放在后面，中间加一个空格隔开。使用后代选择器实现图 1.10 的效果。

图 1.10　后代选择器

为了实现图 1.10 的效果，新建 CORE0107.html，代码如 CORE0107 所示。

```
//代码 CORE0107：后代选择器
<!doctype html>
<html>
<head>
<meta charset="utf-8">
<meta content="width=device-width, initial-scale=1.0, minimum-scale=1.0,maximum-scale=1.0,user-scalable=no" name="viewport" />
<meta name="format-detection" content="telephone=no"/>
<meta name="apple-mobile-web-app-status-bar-style"  />
<title>后代选择器</title>
<style>
.father .child{
color:#0000CC;
}
</style>
</head>
<body>
<p class="father">
黑色
<label class="child">蓝色
<b>也是蓝色</b>
</label>
</p>
</body>
</html>
```

5．子选择器

请注意子选择器与后代选择器的区别，子选择器仅指它的直接后代；而后代选择器作用于所有子后代元素。后代选择器通过空格来进行选择，而子选择器是通过"＞"进行选择的。使用子选择器的效果如图 1.11 所示。

图 1.11　子选择器

为了实现图 1.11 的效果，新建 CORE0108.html，代码如 CORE0108 所示。

```
//代码CORE0108：子选择器
<!doctype html>
<html>
<head>
<meta charset="utf-8">
<meta content="width=device-width, initial-scale=1.0, minimum-scale=1.0,
maximum-scale=1.0,user-scalable=no" name="viewport" />
<meta name="format-detection" content="telephone=no"/>
<meta name="apple-mobile-web-app-status-bar-style"  />

<title>后代选择器</title>
<style>
#links a {color:red;}
#links > a {color:blue;}
</style>
</head>

<body>
<p id="links">
<a>选择器</a>
<span><a href="#">子选择器</a></span>
<span><a href="#">后代选择器</a></span>
</p>
</body>
</html>
```

> **提示**
>
> 子选择器（>）和后代选择器（空格）的区别：都表示"祖先-后代"的关系，但是>必须是"爸爸>儿子"，而空格不仅可以是"爸爸儿子"，还可以是"爷爷儿子"、"太爷爷儿子"。

6. 伪类选择器

有时候还会需要用文档以外的其他条件来应用元素的样式，如鼠标悬停等。这时就需要用到伪类了。使用伪类选择器实现图1.12的效果。

（a）伪类选择器访问时　　　　　　　　　　（b）伪类选择器被单击时

图1.12　伪类选择器

为了实现图 1.12 的效果，新建 CORE0109.html，代码如 CORE0109 所示。

```
//代码 CORE0109：伪类选择器
<!doctype html>
<html>
<head>
<meta charset="utf-8">
<meta content="width=device-width, initial-scale=1.0, minimum-scale=1.0, maximum-scale=1.0,user-scalable=no" name="viewport" />
<meta name="format-detection" content="telephone=no"/>
<meta name="apple-mobile-web-app-status-bar-style"  />

<title>伪类选择器</title>
<style type="text/css">
a:link{
color:red;/*链接未点击时红色*/
}
a:visited{
color:green;/*已经被访问时为绿色*/
}
a:hover{
color:blue;/*鼠标悬停为蓝色*/
}
</style>
</head>

<body>
<a href="##">选择器</a>
</body>
</html>
```

通过下面七个步骤的操作，实现图 1.3 所示的服装品牌墙界面的效果。

第一步：打开 Dreamweaver CS6 软件，文档类型选择"HTML5"选项，如图 1.13 所示。

图 1.13　使用 Dreamweaver CS6 新建 HTML5 界面

第二步：创建并保存 CORE0110.html 文件。

第三步：新建 state.css 文件，通过外联方式引入到 HTML 文件中，如图 1.14 所示。

图 1.14　新建 HTML5 并引入 CSS 文件

第四步：在<head>中添加<meta>标签，使网页适应手机屏幕宽度。代码如 CORE0110 所示。

```
//代码 CORE0110:<meta>标签
  <meta content="width=device-width, initial-scale=1.0, minimum-scale=1.0,
maximum-scale=1.0,user-scalable=no" name="viewport" />
  <meta name="format-detection" content="telephone=no"/>
  <meta name="apple-mobile-web-app-status-bar-style"  />
```

第五步：头部制作。

现在来制作新浪导航图头部，Logo 部分为新浪的 Logo，用<img>标签表示，代码 CORE0111 如下，效果如图 1.15 所示。

```
//代码 CORE0111:头部 HTML 代码
    <header>
   <!--定义顶部锚点-->
    <div class="screen">
     <div class="t_cen ">品牌墙</div>
    </div>
   </header>
```

设置头部样式代码 CORE0112 如下，效果如图 1.16 所示。

```
//代码 CORE0112:头部 CSS 代码
   * {
       margin: 0px;/*清除外边距*/
       padding: 0px;/*清除内边距*/
   }
```

```css
.screen {
        background-color: #b52221;/*背景颜色*/
        height: 45px;/*高度*/
        color: #fff;/*颜色*/
        line-height: 45px;/*行高*/
        position: relative;/*位置相对*/
}
.screen a:link,.screen a:visited,.screen a:active {
        color: #fff/*字体颜色*/
}
.t_cen {
        text-align: center;/*文字居中*/
        position: absolute;/*相对定位*/
        width: 100%;/*宽度100%*/
}
```

图 1.15　头部设置样式前

图 1.16　头部设置样式后

第六步：主体部分制作。

主体部分包括各种品牌的图标及说明，需要用到列表样式<dl>标签，代码 CORE0113 如下，效果如图 1.17 所示。

```html
//代码 CORE0113:主体 HTML 代码
  <section class="main">
    <div id="channel">
      <div class="test_box">
       <div class="list">
        <dl>
         <dd>
          <a href="#"><img height="114" src="images/caizi.png" width="98" /></a>
         </dd>
         <dt>才子</dt>
```

```
            </dl>
        </div>
        <!--部分代码省略，代码布局相同-->
    </div>
</section>
```

> 提 示
>
> 关于列表样式的使用，将在项目 4 中进行详细学习。

设置主体部分样式，主要设置列表的样式和图片的样式。代码 CORE0114 如下，效果如图 1.18 所示。

图 1.17　主体设置样式前

图 1.18　主体设置样式后

```
//代码 CORE0114:主体 CSS 代码
/*主体开始*/
.test_box {
        font-size: 0;/*字体大小*/
        letter-spacing: normal;
        word-spacing: normal;/*文字间距*/
}
.list {
        width: 33.33%;/*宽度*/
        display: inline-block;/*显示方式行块*/
        text-align: center;/*文字居中*/
        margin-top: 10px/*外边距距头部 10px*/
}
.list dl {
        width: 98px;/*宽度*/
        height: 114px;/*高度*/
```

```
                display: inline-block;/*显示方式行块*/
                background-color: #fff;
                -webkit-border-radius: 3px;
                -webkit-box-shadow: 0 0 3px #cbcbcb;
                overflow: hidden
        }
        .list a {
                color: #333;
                display: inline-block
        }
        .list dl dd {
                width: 98px;
                height: 114px;
                text-align: center;
        }
        .list dl dt {
                display: none
        }
```

第七步:尾部制作。

尾部主要为本站点的版权信息,版权信息的样式为文字居中,内间距为10px,CSS 代码如 CORE0115 所示。

```
//代码 CORE0115:尾部 CSS 代码
footer {
        text-align: center;/*文本居中*/
        line-height: 1.8em;/*行高*/
        padding-top: 10px/*内边距头部 10px*/
}
```

至此,服装品牌墙界面就制作完成了。

【拓展目的】

熟悉并掌握使用 HTML5 新增标签、CSS3 样式和选择器的技巧。

【拓展内容】

利用本项目介绍的技术和方法,制作出手机新浪网界面,效果如图 1.19 所示。

【拓展步骤】

1. 设计思路

将网页分为三部分:头部为标题部分,主体为新浪微博新闻部分,底部为本站点的导航和版权信息。

2. HTML 部分代码

HTML 部分代码如 CORE0116 所示。

项目 1　服装品牌墙界面设计

图 1.19　手机新浪网导航页

```
//代码 CORE0116:HTML 代码
<header class="h_min">
    <div class="title"><strong>新浪微博</strong></div>
</header>
<article class="fin">
    <h1 class="finTit"><strong>中国造舰技术进步：大型化、隐形化、动力更强</strong></h1>
    <div class="finCnt" style="font-size: 16px;">
    <p class="para"><strong>中国造舰技术进步</strong></p>
    </div>
</article>
```

3. CSS 主要代码

CSS 主要代码如 CORE0117 所示。

```
//代码 CORE0117：CSS 主要代码
body {
        min-width: 320px;
        margin: 0 auto;
        background: #fff
}
a:active {
        color:#FFF;
        outline: none!important
}
.title{
        width:30%;
        margin:0 auto;
        }
```

本项目通过对服装品牌墙的学习,对 HTML5 的发展、优势、文档结构进行了初步了解,对 HTML5 新增的标签及属性有了初步认识,同时也掌握了 CSS3 选择器和自适应网站的相关概念。

html	网页文档
head	头文件
body	文件体
tfoot	表格的底部
CSS	层叠样式表
font	文字
color	颜色
background	背景
background-color	背景颜色

一、选择器

1. HTML 指的是(   )。

    A. 超文本标记语言

    B. 家庭工具标记语言

    C. 超链接和超文本标记语言

2. Web 标准的制定者是(   )。

    A. 微软公司

    B. 万维网联盟（W3C）

    C. 网景公司

3. 浏览器针对 HTML 文档起到了(   )作用。

    A. 浏览器用于创建 HTML 文档

    B. 浏览器用于展示 HTML 文档

    C. 浏览器用于发送 HTML 文档

    D. 浏览器用于修改 HTML 文档

4. (   )标签用于表示 HTML 文档的开始和结束。

    A. BODY　　　　B. HTML　　　　C. TABLE　　　　D. TITLE

5. 使用内联式样式表应该使用的引用标记是(   )。

    A. <LINK>　　　B. HTML 标记　　C. <style>　　　D. HEAD

二、上机题

使用 HTML 编写符合以下要求的网页。

要求：

（1）标题为初识 HTML5 与 CSS3。

（2）内容为"欢迎选择本书学习"。

（3）通过外联的方式设置字体颜色为红色，字体大小为 30px，字体为宋体。

项目 2
新浪微博导航界面设计

通过实现新浪微博的导航界面,学习 HTML5 与 CSS3 相关的文本标签、字体颜色以及弹性布局的使用。在项目实现过程中:
- 掌握 HTML5 中常用的文本标签
- 掌握 CSS3 文本、字体属性
- 掌握 CSS3 颜色的表示方法
- 了解流式布局和弹性布局

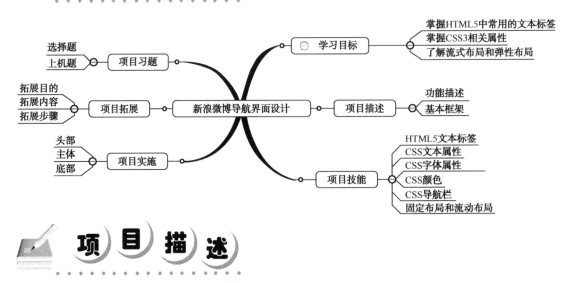

【情境导入】

新浪微博是全国应用最多、人气最高的一款信息分享产品之一,它可以一天 24 小时发布新闻事件、娱乐节目、体坛赛事等实用信息。当打开新浪微博首页时,会被新浪微博导航界面深深吸引。本项目主要是实现新浪微博导航界面设计。

项目 2　新浪微博导航界面设计

【功能描述】

- 使用响应式布局技术来设计新浪微博导航界面
- 头部包括新浪微博导航界面的 Logo 和标题
- 主体包括热点网站链接和分类网站导航链接
- 底部包括本站点导航链接和版权信息

【基本框架】

基本框架如图 2.1 所示，通过本章的学习，能将框架图 2.1 转换成效果图 2.2。

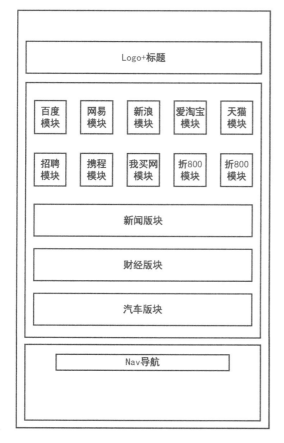

图 2.1　框架图　　　　　　　　　　图 2.2　效果图

使用表格布局方式使代码越来越难以维护，而 CSS3 不仅可以控制页面的外观，还可以控制页面的布局、颜色、背景和其他效果。只要在相应的代码中做一些简单编辑，就可以改变同一界面中的不同部分的外观和格式，并将文档的布局和内容分开。目前，主流网站都是采用 CSS3 来控制样式的。下面来了解和学习 HTML5 和 CSS3。

2.1 HTML5 文本标签

1. 标题标签

标题元素从 h1 到 h6 共六级。标题元素中包含的文本被浏览器渲染为"块"。在 HTML 中，定义了 6 级标题，分别为 h1、h2、h3、h4、h5、h6，每级标题的字体大小依次递减，1 级标题字号最大，6 级标题字号最小，标题文本全部加粗。使用标题的效果如图 2.3 所示。

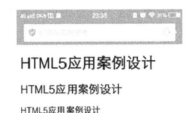

图 2.3 标题示例

为了实现图 2.3 的效果，新建 CORE0201.html，代码如 CORE0201 所示。

```
//代码 CORE0201：标题标签的使用
<!doctype html>
<html>
<head>
<meta charset="utf-8">
<meta content="width=device-width, initial-scale=1.0, minimum-scale=1.0, maximum-scale=1.0,user-scalable=no" name="viewport" />
<meta name="format-detection" content="telephone=no"/>
<meta name="apple-mobile-web-app-status-bar-style" />
<title>标题</title>
</head>
<body>
    <h1>HTML5 应用案例设计</h1>
    <h2>HTML5 应用案例设计</h2>
    <h3>HTML5 应用案例设计</h3>
    <h4>HTML5 应用案例设计</h4>
    <h5>HTML5 应用案例设计</h5>
    <h6>HTML5 应用案例设计</h6>
</body>
</html>
```

2. 段落标签

<p>标签主要功能是定义段落，当网页中有文本，要插入一个新的段落时，可以使用该标签来表示。<p>和</p>之间的文本段落上下都会显示一个空行，一个<p>标签相当于两个
标签。使用段落标签的效果如图 2.4 所示。

图 2.4　段落标签示例

为了实现图 2.4 的效果，新建 CORE0202.html，代码如 CORE0202 所示。

```
//代码CORE0202：p标签的使用
<!doctype html>
<html>
<head>
<meta charset="utf-8">
<meta content="width=device-width, initial-scale=1.0, minimum-scale=1.0,maximum-scale=1.0,user-scalable=no" name="viewport" />
<meta name="format-detection" content="telephone=no"/>
<meta name="apple-mobile-web-app-status-bar-style"  />
<title>p标签的使用</title>
</head>
<body>
    <h1>HTML5 应用案例设计</h1>
    <p>标签主要功能是定义段落，当网页中有文本，需要插入一个新的段落时，可以使用该标签来表示。</p>
    <h2>HTML5 应用案例设计</h2>
    <h3>HTML5 应用案例设计</h3>
    <h4>HTML5 应用案例设计</h4>
    <h5>HTML5 应用案例设计</h5>
    <h6>HTML5 应用案例设计</h6>
</body>
</html>
```

3.
标签与<wbr>标签

标签主要用于换行,使用该标签只能输入空行,不能分割段落。该标签是一个单标签,不能成对出现,没有开始和结束符号。

<wbr>标签主要用于软换行,即在文本中添加该标签,如果该标签没有中断英文字母,则没有什么效果,当一行中英文部分放不下时,则在下面一行显示出来。

使用软换行和换行的效果如图 2.5 所示。

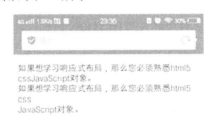

图 2.5 在网页中实现软换行和换行示例

为了实现图 2.5 的效果,新建 CORE0203.html,代码如 CORE0203 所示。

```
//代码 CORE0203:换行标签和软换行标签的使用
<!doctype html>
<html>
<head>
<meta charset="utf-8">
<meta content="width=device-width, initial-scale=1.0, minimum-scale=1.0, maximum-scale=1.0,user-scalable=no" name="viewport" />
<meta name="format-detection" content="telephone=no"/>
<meta name="apple-mobile-web-app-status-bar-style"  />
<title>换行</title>
</head>
<body>
    <p>
        如果想学习响应式布局,那么您必须熟悉 html5 <wbr>css<wbr>JavaScript 对象。
     <br>
        如果想学习响应式布局,那么您必须熟悉 html5 <br>css<br>JavaScript 对象。
    </p>
</body>
</html>
```

4．<details>标签与<summary>标签

<details>标签主要功能是用户可以创建一个可折叠的控件，只显示想要的标题和文字，隐藏一些对标题或者文字描述的信息。<details>标签一般与<summary>标签配合使用，显示的内容一般为<summary>标签的内容，如果单击了<summary>标签，则会显示出<details>标签中的内容。使用<details>标签的效果如图 2.6 所示。

（a）使用前　　　　　　　　　　　　（b）使用后

图 2.6　details 的使用示例

为了实现图 2.6 的效果，新建 CORE0204.html，代码如 CORE0204 所示。

```
//代码CORE0204:details 标签的使用
<!doctype html>
<html>
<head>
<meta charset="utf-8">
<meta content="width=device-width, initial-scale=1.0, minimum-scale=1.0, maximum-scale=1.0,user-scalable=no" name="viewport" />
<meta name="format-detection" content="telephone=no"/>
<meta name="apple-mobile-web-app-status-bar-style" />
<title>details</title>
</head>
<body>
    <details>
        <summary>HTML5 应用案例设计</summary>
        <p>HTML5 与 CSS3：</p>
        <dl>
            <dt>p 标签</dt>
            <dd>是一个段落标签</dd>
```

```
            <dt>h1-h6</dt>
            <dd>是一个标题标签</dd>
        </dl>
    </details>
</body>
</html>
```

由于该标签是 HTML5 的新增标签，在使用时需要注意兼容的问题，目前浏览器对<details>的支持程度如图 2.7 所示，只有 Chrome 和 Safari 6 支持 <details> 标签。

图 2.7　浏览器对<details>标签的支持程度

想了解更多关于 HTML5 标签的知识，如<bdi>标签、<rt>标签与<rp>标签、<mark>标签、<time>标签等的相关功能和特性，可扫描图中二维码，获取更多信息。

2.2　CSS 文本属性

1　文本对齐属性(text-align)

这个属性用来设定文本的对齐方式。有以下 4 种设置文本对齐的方式：left (居左，默认值)，right (居右)，center (居中)，justify (两端对齐)。使用文本对齐方式后的效果如图 2.8 所示。

图 2.8　文本对齐方式效果示例

为了实现图 2.8 的效果，新建 CORE0205.html，代码如 CORE0205 所示。

```
//代码CORE0205 :CSS 文本对齐方式代码
<!doctype html>
<html>
<head>
<meta charset="utf-8">
<meta content="width=device-width, initial-scale=1.0, minimum-scale=1.0, maximum-scale=1.0,user-scalable=no" name="viewport" />
<meta name="format-detection" content="telephone=no"/>
<meta name="apple-mobile-web-app-status-bar-style"  />
<title>文本对齐属性 text-align</title>
<style type="text/css">
.left{text-align:left}
.center {text-align:center}
.right{text-align:right}
</style>
</head>
<body>
<p class = "left"> HTML5 应用案例设计（居左）</p>
<p class = "center">HTML5 应用案例设计（居中）</p>
<p class = "right">HTML5 应用案例设计（居右）</p>
</body>
</html>
```

2. 文本修饰属性（text-decoration）

text-decoration 主要设定文本画线的属性。有 4 种属性：none（无，默认值），underline (下画线)，overline (上画线)，line-through (当中画线)。使用文本修饰属性后的效果如图 2.9 所示。

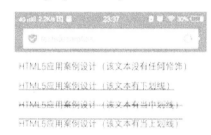

图 2.9　文本修饰属性效果示例

为了实现图 2.9 的效果，新建 CORE0206.html，代码如 CORE0206 所示。

```
//代码 CORE0206:文本修饰效果代码
<!doctype html>
<html>
<head>
<meta charset="utf-8">
<meta content="width=device-width, initial-scale=1.0, minimum-scale=1.0,maximum-scale=1.0,user-scalable=no" name="viewport" />
<meta name="format-detection" content="telephone=no"/>
<meta name="apple-mobile-web-app-status-bar-style"  />
<title>text-decoration</title>
</head>
<body>
<p style="text-decoration:none"> HTML5 应用案例设计（该文本没有任何修饰）</p>
<p style="text-decoration:underline"> HTML5 应用案例设计（该文本有下画线）</p>
<p style="text-decoration:line-through"> HTML5 应用案例设计（该文本有当中画线）</p>
<p style="text-decoration:overline"> HTML5 应用案例设计（该文本有当上画线）</p>
</body>
</html>
```

3．文本缩进属性（text-indent）

这个属性用于设定文本首行缩进。其值有以下设定方法： length (长度，可以用绝对单位 (cm, mm, in, pt, pc)或者相对单位 (em, ex, px))，percentage (百分比，相当于父对象宽度的百分比)。使用文本缩进的效果如图 2.10 所示。

图 2.10　文本缩进效果示例

为了实现图 2.10 的效果，新建 CORE0207.html，代码如 CORE0207 所示。

```
//代码CORE0207：文本缩进效果代码
<!doctype html>
<html>
<head>
<meta charset="utf-8">
<meta content="width=device-width, initial-scale=1.0, minimum-scale=1.0,
maximum-scale=1.0,user-scalable=no" name="viewport" />
<meta name="format-detection" content="telephone=no"/>
<meta name="apple-mobile-web-app-status-bar-style"  />
<title>text -indent </title>
</head>
<body>
<p style="text-indent:2em;">这个属性设定文本首行缩进。其值有以下设定方法： length
(长度，可以用绝对单位(cm, mm, in, pt, pc)或者相对单位 (em, ex, px))， percentage (百
分比，相当于父对象宽度的百分比)。</p>
</body>
</html>
```

4．文本字符转换（text-transform）

text-transform 属性用于处理文本的大小写，该属性有 4 个取值：none（默认值）、uppercase（大写）、lowercase（小写）和 capitalize（首字母大写）。默认值 none 对文本不做任何改动，将使用原文档中的原有大小写。使用文本字符转换的效果如图 2.11 所示。

图 2.11　文本字符转换效果示例

为了实现图 2.11 的效果，新建 CORE0208.html，代码如 CORE0208 所示。

```
//代码CORE0208:文本字符转换效果代码
<!doctype html>
<html>
<head>
<meta charset="utf-8">
<meta content="width=device-width, initial-scale=1.0, minimum-scale=1.0,maximum-scale=1.0,user-scalable=no" name="viewport" />
<meta name="format-detection" content="telephone=no"/>
<meta name="apple-mobile-web-app-status-bar-style"  />
<title>文本字符转换效果</title>
<style>
.uppercase{
    text-transform:uppercase;
}
.lowercase{
    text-transform:lowercase;
    }
</style>
</head>
<body>
<p class="uppercase">该属性是将小写字母变成大写，HTML5与CSS3</p>
<p class="lowercase">该属性是将大写字母变成小写，HTML5与CSS3</p>
</body>
</html>
```

5．文本阴影（text-shadow）

在CSS3中，text-shadow可对文本应用阴影，允许规定水平阴影、垂直阴影、模糊距离及阴影的颜色。使用文本阴影的效果如图2.12所示。

图2.12　文本阴影效果示例

为了实现图 2.12 的效果，新建 CORE0209.html，代码如 CORE0209 所示。

```
//代码 CORE0209:文本阴影效果代码
<!doctype html>
<html>
<head>
<meta charset="utf-8">
<meta content="width=device-width, initial-scale=1.0, minimum-scale=1.0,
maximum-scale=1.0,user-scalable=no" name="viewport" />
<meta name="format-detection" content="telephone=no"/>
<meta name="apple-mobile-web-app-status-bar-style" />
<title>文本阴影效果代码</title>
</head>
<body>
<p style="text-shadow:5px 10px #9F0">在 CSS3 中，text-shadow 规定文本水平阴影
5px、垂直阴影 10px、阴影的颜色为绿色。</p>
</body>
</html>
```

6. 文本水平对齐（text-align）

text-align 属性的主要作用是设置文本对齐方式，该属性通过指定一行与某一个点对齐来设置块模式的对齐方式，该属性主要用于水平对齐。text-align 的属性如表 2.1 所示。

表 2.1　text-align 属性

值	描　　述
left	表示文本排列到左边。默认值：由浏览器决定
right	表示文本排列到右边
center	表示文本排列到中间
justify	实现两端对齐文本效果
inherit	表示应该从父元素继承 text-align 属性的值

使用 text-align 的效果如图 2.13 所示。

图 2.13　text-align 属性的应用效果

为了实现图 2.13 的效果，新建 CORE0210.html，代码如 CORE0210 所示。

```html
//代码 CORE0210:text-align 属性的使用
<!doctype html>
<html>
<head>
<meta charset="utf-8">
<meta content="width=device-width, initial-scale=1.0, minimum-scale=1.0, maximum-scale=1.0,user-scalable=no" name="viewport" />
<meta name="format-detection" content="telephone=no"/>
<meta name="apple-mobile-web-app-status-bar-style"  />
<title> text-align 属性的使用</title>
<style type="text/css">
h1 {text-align: center}
h2 {text-align: left}
h3 {text-align: right}
</style>
</head>
    <body>
        <h1>同城旅游观光地点界面</h1>
        <h2>同城旅游观光地点界面</h2>
        <h3>同城旅游观光地点界面</h3>
    </body>
</html>
```

7．文本垂直对齐（vertical-align）

文本垂直对齐根据行内元素的基线相对所写元素所在行的基线来做对齐，在该属性中值可以是负数或者百分比。在表格中，通常用这个属性来设置单元格内容的对齐方式。文本通常根据不可见的基线进行对齐，而字母的底部位于基线之上。vertical-align 的属性如表 2.2 所示。

表 2.2　vertical-align 属性

值	描　　述
baseline(基线)	表示将子元素的基线与父元素的基线对齐。对于没有基线的元素，如图像或对象，使它的底部与父元素的基线对齐
sub(下面)	表示将元素置于下方(下标)，确切地说是使元素的基线对齐到它的父元素首选的下标位置
super(上面)	表示将元素置于上方(上标)，确切地说是使元素的基线对齐到它的父元素首选的上标位置
text-top(文本顶部)	表示元素的顶部与其父元素最高字母的顶部对齐
top(顶部)	表示元素的顶部与行中最高元素的顶端对齐
middle(中间)	表示元素垂直居中
bottom(底部)	表示元素的底部与行中最低元素的底部对齐
text-bottom(文本底部)	表示元素的底部与其父元素字体的底部对齐

使用 vertical-align 的效果如图 2.14 所示。

项目 2　新浪微博导航界面设计

图 2.14　vertical-align 的使用效果

为了实现图 2.14 的效果，新建 CORE0211.html 文档，代码如 CORE0211 所示。

```
//代码 CORE0211:vertical-align 的使用
<!doctype html>
<html>
<head>
<meta charset="utf-8">
<!doctype html>
<html>
<head>
<meta charset="utf-8">
<meta content="width=device-width, initial-scale=1.0, minimum-scale=1.0,maximum-scale=1.0,user-scalable=no" name="viewport" />
<meta name="format-detection" content="telephone=no"/>
<meta name="apple-mobile-web-app-status-bar-style"  />
<title> vertical-align 的使用</title>
<style>
img {width:200px;height:200px;}
.img{ vertical-align:middle;}
td{ height:40px; vertical-align:middle;}
</style>
</head>
<body>
    <div><img  class="img" src="logo.jpg">看看我的位置</div>
    <p>在表格中应用 vertical-align 属性</p>
    <table>
        <tr>
            <td>同城旅游观光地点界面</td>
            <td>同城旅游观光地点界面</td>
        </tr>
    </table>
</body>
</html>
```

> **拓 展**
>
> 想了解更多关于 CSS3 文本属性，如文本大小、文本颜色、文本字体等相关知识以及浏览器对这些样式的兼容问题，可扫描图中二维码，获取更多信息。

2.3 CSS 字体属性

CSS 字体属性定义了文本的字体类型、大小、加粗、风格（如斜体）和变形（如小型大写字母）。

1．CSS 字体类型

在 CSS 中，有两种不同类型的字体系列。

（1）通用字体类型：拥有相似外观的字体系统组合（如"Serif"或"Monospace"）。

（2）特定字体类型：具体的字体系列（如"Times"或"Courier"）。

2．字体风格（font-style）

font-style 属性常用于规定斜体文本，该属性有 3 个取值：normal（文本正常显示）、italic（文本斜体显示）、oblique（对于没有设计过斜体样式的文字强行用代码使其倾斜）。字体风格的效果如图 2.15 所示。

图 2.15　字体风格效果

为了实现图 2.15 的效果，新建 CORE0212.html，代码如 CORE0212 所示。

```
//代码CORE0212:字体风格效果图代码
<!doctype html>
<html>
<head>
<meta charset="utf-8">
<meta content="width=device-width, initial-scale=1.0, minimum-scale=1.0,
maximum-scale=1.0,user-scalable=no" name="viewport" />
<meta name="format-detection" content="telephone=no"/>
<meta name="apple-mobile-web-app-status-bar-style"  />
<title>字体风格效果图</title>
<style type="text/css">
p.normal {font-style:normal}
p.italic {font-style:italic}
p.oblique {font-style:oblique}
</style>
</head>
<body>
    <p class="normal">HTML5 应用案例设计（字体正常）</p>
    <p class="italic">HTML5 应用案例设计（字体斜体）</p>
    <p class="oblique">HTML5 应用案例设计（字体倾斜）</p>
</body>
</html>
```

3. 字体变形（font-variant）

font-variant 属性可以设定小型大写字母，小型大写字母即字母都是大写字母，但字体尺寸比大写字母小。字体变形效果如图 2.16 所示。

图 2.16 字体变形效果

为了实现图 2.16 的效果，新建 CORE0213.html，代码如 CORE0213 所示。

```
//代码 CORE0213:字体变形效果图代码
<!doctype html>
<html>
<head>
<meta charset="utf-8">
<meta content="width=device-width, initial-scale=1.0, minimum-scale=1.0,
maximum-scale=1.0,user-scalable=no" name="viewport" />
    <meta name="format-detection" content="telephone=no"/>
    <meta name="apple-mobile-web-app-status-bar-style"  />
    <meta content="width=device-width, initial-scale=1.0, minimum-scale=1.0,
maximum-scale=1.0,user-scalable=no" name="viewport" />
    <meta name="format-detection" content="telephone=no"/>
    <meta name="apple-mobile-web-app-status-bar-style"  />
<title>字体变形效果图</title>
<style type="text/css">
p.normal {font-variant: normal}
p.small {font-variant: small-caps}
</style>
</head>

<body>
    <p class="normal">HTML5 与 CSS3 实战（字体正常）</p>
    <p class="small"> HTML5 与 CSS3 实战（字体小型大写字母）</p>
</body>
</html>
```

4．字体加粗（font-weight）

font-weight 属性的主要功能是设置文本的粗细程度，该属性可以直接为字体设置一个粗度，一般设置字体粗度的数字为 100~900，这些数字越大，字体越粗，在大多数浏览器中数字 400 相当于 normal，700 相当于 bold，除了用数字表示外，还可以使用 normal、bold、bolder 等来表示。

如果将元素的加粗设置为 bolder，则浏览器显示的效果比设置为 bold 的值更粗。与此相反，关键词 lighter 会导致浏览器将加粗度下移而不是上移。字体加粗效果如图 2.17 所示。

图 2.17 字体加粗效果

为了实现图 2.17 的效果，新建 CORE0214.html，代码如 CORE0214 所示。

```
//代码CORE0214:字体加粗效果图代码
<!doctype html>
<html>
<head>
<meta charset="utf-8">
<meta content="width=device-width, initial-scale=1.0, minimum-scale=1.0, maximum-scale=1.0,user-scalable=no" name="viewport" />
<meta name="format-detection" content="telephone=no"/>
<meta name="apple-mobile-web-app-status-bar-style"  />
<title>字体加粗效果图</title>
<style type="text/css">
p.normal {font-weight: normal}
p.thick {font-weight: bold}
p.thicker {font-weight: 900}
</style>
</head>

<body>
 <p class="normal">HTML5 与 CSS3 实战（字体正常）</p>
 <p class="thick">HTML5 与 CSS3 实战（字体加粗）</p>
 <p class="thicker">HTML5 与 CSS3 实战（字体字号为 900）</p>
</body>
</html>
```

5．字体大小（font-size）

font-size 属性主要用于设置文本中字体的大小，可用绝对值、相对值或 px、pt、em 来表示字体的大小。使用 font-size 的效果如图 2.18 所示。

图 2.18　font-size 的效果

为了实现图 2.18 的效果，新建 CORE0215.html，代码如 CORE0215 所示。

```
//代码CORE0215:字体大小设置效果图代码
<!doctype html>
<html>
<head>
<meta charset="utf-8">
<meta content="width=device-width, initial-scale=1.0, minimum-scale=1.0,
maximum-scale=1.0,user-scalable=no" name="viewport" />
<meta name="format-detection" content="telephone=no"/>
<meta name="apple-mobile-web-app-status-bar-style"  />
<title>字体大小设置效果图</title>
<style type="text/css">
p.normal {font-size:25px;}
p.thick {font-size:25pt;}
</style>
</head>
<body>
 <p class="normal">HTML5与CSS3实战</p>
 <p class="thick">HTML5与CSS3实战</p>
</body>
</html>
```

> **拓展**
>
> 想了解更多关于CSS3字体属性的知识，设置更多文本样式以及字体样式的兼容性问题，可扫描图中二维码，获取更多信息。

2.4 CSS 颜色

我们看到的千变万化的颜色是由三原色混合而呈现的，三原色分别为红色、绿色和蓝色。

1．颜色值

CSS 颜色是根据红色、绿色、蓝色 3 种颜色的十六进制法表示的，0～255 代表了 256 种颜色，可以通过颜色的十六进制来设置光源，光源的最低值为 0，用十六进制 00 表示，光源的最高值为 255，用十六进制 FF 表示，在设置颜色时可通过 3 个两位数来编写，或者通过 3 个一位数来表示。在使用 CSS 定义时还要在表示颜色的数字前面加"#"。

2．CSS 中颜色的表示方法

（1）颜色的名称。在 CSS 定义时可以直接用代表颜色的英文单词来表示颜色。

（2）十六进制颜色。在使用 CSS 定义颜色时除了直接使用颜色的名称之外还可以使用十六进制来表示颜色的信息，格式为#RRGGBB 或者#RGB，使用十六进制时，值必须介于 0 和 FF 之间，字母不能超过 FF。

（3）RGB 和 RGBA 颜色。除了上面介绍的两种方法之外，还可以用 RGB 颜色值表示，这种方法在设置 CSS 布局时会经常用到，表示方式为 RGB(Red, Green, Blue)，在该表示方式中 3 个参数代表着颜色的强度，取值为 0～255，采用 RGB 颜色表示方法还可以在后面添加一个参数用来代表颜色的透明度，如 RGB(255,200,200,0.5)表示值为 255，200，200 的颜色的透明度为 50%。

(4) HSL 和 HSLA 颜色。HSL 颜色在 CSS 定义时很少用到，此处了解即可，HSL 代表的是色调、饱和度、亮度三个参数的首字母，表示方式为 hsl(hue, saturation, lightness)，如 hsl(120,65%,75%)。

HSLA 颜色值是 HSL 颜色值的扩展，带有一个 Alpha 通道（它规定了对象的不透明度）。HSLA 颜色值表示方式为 hsla(hue, saturation, lightness, Alpha)，其中的 Alpha 参数定义了不透明度，Alpha 参数是介于 0.0（完全透明）与 1.0（完全不透明）之间的数字。

2.5 CSS 导航栏

CSS 导航栏分为垂直导航栏和水平导航栏，用<ul>和<li>元素来设置。水平导航栏效果如图 2.19 所示。

图 2.19 水平导航栏效果

为了实现图 2.19 的效果，新建 CORE0216.html 文档，代码如 CORE0216 所示。

```
//代码 CORE0216:水平导航栏 HTML 代码
<!doctype html>
<html>
<head>
<meta charset="utf-8">
<meta content="width=device-width, initial-scale=1.0, minimum-scale=1.0,maximum-scale=1.0,user-scalable=no" name="viewport" />
<meta name="format-detection" content="telephone=no"/>
<meta name="apple-mobile-web-app-status-bar-style" />
<title>水平导航</title>
```

```
        </head>
        <body>
            <nav>
                <ul>
                    <li><a href="##">首页</a></li>
                    <li><a href="##">新闻</a></li>
                    <li><a href="##">体育</a></li>
                    <li><a href="##">娱乐</a></li>
                    <li><a href="##">导航</a></li>
                </ul>
            </nav>
        </body>
    </html>
```

在浏览器中运行，看到的效果如图 2.20 所示。

图 2.20 导航无样式效果图

图 2.20 所示的效果没有达到预期的效果，想达到预期的效果，需在 CORE0217.html 中引入 CSS 样式，CSS 样式代码如 CORE0217 所示。

```
//代码 CORE0217：水平导航栏 CSS 代码
 nav{
    width:90%;
    height:40px;
    margin:0px auto;/*设置居中*/
    background-color:#0F0;/*设置导航背景颜色为绿色*/        }
    li{
      list-style-type: none;/*设置列表样式为 none*/
      display: inline-block;/*设置显示方式为 inline-block*/
      float:left;/*设置浮动方式为左浮动*/
      margin:5px 10px;/*设置上下间距为 5px，左右间距为 10px*/
      }
```

刷新界面，出现预期的效果。此时水平的导航栏已实现，那么如何实现垂直导航栏呢？只需改变 CSS 文件的样式即可实现。CSS 样式代码如 CORE0218 所示。

```
//代码 CORE0218:垂直导航栏 CSS 代码
li{
list-type:none;}
a
{
  display:block;
  width:100px;
}
```

2.6 固定布局和流动布局

1．固定宽度布局

固定宽度布局是在制作界面中自己设置的宽度（固定值），如 980px。使用这种布局通常需要设置一个整个的 DIV 布局，通常这个宽度为 960 像素，其中各个模块的宽度也是固定的，不会根据整个界面的变换而变换，所以不管是手机端还是 PC 端，访问的界面的宽度都是一样的，所显示的信息也会全部显示出来。

图 2.21 展示的是一个固定宽度布局的基本轮廓。其中的三列分别是 520、200 和 200px。960px 已经成为现代 Web 设计的标准，主要是因为大多数站点使用的屏幕分辨率为 1024×768。

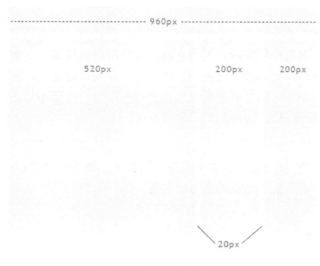

图 2.21　固定宽度示例图

在 HTML5 还未兴起时，一般情况下是采用固定宽度布局的。使用固定宽度布局的好处在于这种布局在设计界面时更方便，更简单，容易得到控制，它运行时在浏览器中的宽度都是一样的，不会有一系列的麻烦，网页中的图片、表单和视频也不会受影响，也不需要额外地设置最大宽度和最小宽度。所有的浏览器都支持这种布局。然而，这种布局对于使用高分辨率的用户来说，会留下很大的一块空白，当屏幕过小时会出现滚动条，无缝纹理、连续的图案需要适应更大的分辨率。因此，固定宽度布局的可用性不高。

2．流动/流体布局

流体布局，也被称为流动布局，主要是设计页面时宽度和高度不再是固定值，而是采用百分比来设置的。

图 2.22 所示为一个简单流体（流动）布局的轮廓。在使用流体布局时主体的宽度要设置为百分比，里面的块布局可以是固定值或百分比，通常内边距和外边距都设置为固定值。

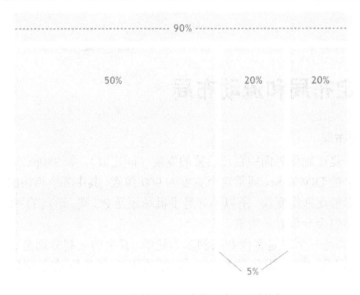

图 2.22 简单流动（流体）布局示例图

现如今主流的网页都是响应式布局网页，所以在设计网页时都采用百分比来设置网页的宽度。流体布局页面对用户更友好，因为它能自适应用户的设置。页面周围的空白区域在所有分辨率和浏览器下都是相同的，在视觉上更美观。如果设计良好，流体布局可以避免在小分辨率下出现水平滚动条。但是再好的布局也会存在不足，主要不足是流体布局在分辨率比较大时内容就会被拉得很长，阅读起来不是很方便。

> **拓 展**
>
> 网站不仅要在 PC 端显示，还需要在手机端显示，相关知识可扫描图中二维码，显示更多关于响应式布局的信息。

通过下面十五个步骤的操作，实现图 2.2 所示的新浪微博导航界面的效果。

第一步：打开 Dreamweaver CS6 软件，文档类型选择"HTML5"选项，如图 2.23 所示。

项目 2　新浪微博导航界面设计

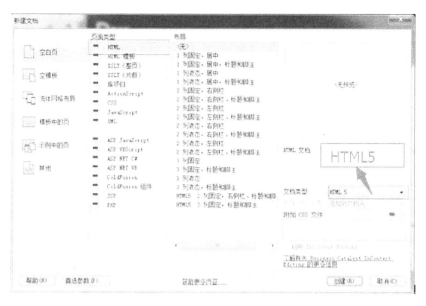

图 2.23　新建 HTML5 界面

第二步：创建并保存 CORE0219.html 文件。

第三步：新建 state.css 文件，通过外联方式引入到 HTML 文件中，如图 2.24 所示。

图 2.24　新建 HTML5 并引入 CSS 文件

第四步：在<head>中添加<meta>标签，使网页适应手机屏幕宽度，代码如 CORE0219 所示。

```
//代码 CORE0219:<meta>标签
    <meta content="width=device-width, initial-scale=1.0, minimum-scale=1.0,
maximum-scale=1.0,user-scalable=no" name="viewport" />
    <meta name="format-detection" content="telephone=no"/>
    <meta name="apple-mobile-web-app-status-bar-style"  />
```

第五步:头部制作。

下面制作新浪导航图头部,Logo 部分为新浪的 Logo,用<img>标签表示,代码如 CORE0220 所示。

```
//代码 CORE0220:头部 HTML 代码
<header>
    <img src="img/sina.jpg">
<h1>新浪导航页</h1>
</header>
```

添加内容后效果如图 2.25 所示。

第六步:边距清零。

将元素的外边距和内边距清零,代码 CORE0221 如下,产生的样式效果如图 2.26 所示

```
//代码 CORE0221:清除内外边距 CSS 文件
*{
margin: 0;/*外边距为 0*/
padding: 0; /*内边距为 0*/}
```

图 2.25 头部设置样式前　　　　　　　图 2.26 头部边距清零后

第七步：修饰头部界面。

需要把新浪导航页标题和图片放在一行现实，调整图片的大小，为了美观还要设置一个下边框，带边框阴影，代码CORE0222如下。

```
//代码CORE0222:头部CSS文件
header{
    position: relative;/*定位方式为相对定位*/
    overflow: hidden;
    z-index: 30;
    height: 49px;
    -webkit-box-shadow: 0 2px 4px rgba(0,0,0,0.3); /*边框阴影*/
    box-shadow: 0 2px 4px rgba(0,0,0,0.3); /*边框阴影*/
}
header img{
    height:49px;
    float: left;/*左浮动*/
}
header h1 {
    line-height:40px;
    font-size: 22px;
    text-align: center;   /*字体居中*/
}
```

产生的样式效果如图2.27所示。

第八步：主体热点网站链接的制作。

这里采用无序列表来制作热点网站链接，图片使用<img>标签，热点网站的名称采用<li>标签。代码CORE0223如下，效果如图2.28所示。

图2.27　头部设置样式后　　　　图2.28　热点网站未设置样式

```
//代码CORE0223：热点网站链接HTML代码
<section class="center_nav">
    <ul>
        <li> <a href="##" class="fbaidu">
        <img src="img/baidu.png" ><br> 百度</a> </li20>
        <li> <a href="##" class="fwangyi">
        <img src="img/fwangyi.png"><br> 网易</a> </li>
        <li> <a href="##" class="fsina">
        <img src="img/fsina.png"><br>新浪</a> </li>
        <!--无序列表后面格式相同，此处省略 -->
    </ul>
</section>
```

第九步：修改链接样式。

设置 a 元素的链接样式、已访问链接样式，代码 CORE0224 如下，效果如图 2.29 所示。

```
//代码CORE0224:a元素设置样式
a,a:visited {
    color: #333;
    text-decoration:none;
}
```

第十步：修饰热点网站链接。

取消无序列表默认的无序符号，并且用 float 属性设置导航栏左浮动，代码 CORE0225 如下，产生的样式效果如图 2.30 所示。

图 2.29　a 元素设置样式效果　　　　图 2.30　热点网站设置样式效果

```css
//代码CORE0225：修饰热点网站链接
.center_nav{
    margin: 0px auto;/*居中对齐*/
    width: 96%;/*宽度*/
    }
.center_nav    li{
    list-style:none;
    width: 16.67%;
    float: left;/*左浮动*/
    height: 90px;/*高度为90px*/
    line-height: 35px;
    background: #fff;
    text-align:center;/*文字居中*/
    margin:0 auto;
    margin-left:8px;
    }
.center_nav    li img{
    width:32px;
    height:32px;
    margin-top:5px;}
```

第十一步：主体分类导航链接的制作。

同样采用无序列表来制作网站分类导航的链接，分类导航链接使用<li>标签。代码CORE0226如下，效果如图2.31所示。

```html
//代码CORE0226:分类导航链接HTML代码
. <div class="nav-urls">
        <ul class="urls">
         <li class="url sort"><a href="##" class="btn"><b>&middot;新闻</b></a></li>
         <li class="url"> <a href="#" class="btn"><b>房产资讯</b></a> </li>
         <li class="url"> <a href="#" class="btn"><b>新浪</b></a> </li>
         <li class="url"> <a href="#" class="btn"><b>网易</b></a> </li>
         <li class="url"> <a href="#" class="btn"><b>腾讯</b></a> </li>
        </ul>
    </div>
```

第十二步：修饰分类导航链接。

取消无序列表默认的无序符号，并且用float属性设置导航栏左浮动，设置无序列表中文字的大小、颜色和边框，代码CORE0227如下，产生的样式效果如图2.32所示。

```css
//代码CORE0227:分类导航链接设置样式CSS代码
.nav-urls ul li{
    float: left;/*设为左浮动*/
    text-align: center;/*文本居中*/
    display: block;/*显示方式为块模式*/
    font-size: 12px;/*字体大小*/
    width: 20%;
    line-height: 45px;
    boder-left:5px;
    border-right: 5px;
    border-bottom: 1px solid #000;/*边框样式*/
    }
.nav-urls .sort a {
```

```
    color: #999;/*文字颜色*/
    border-left: 0;
    -webkit-tap-highlight-color: rgba(0,0,0,0)
}
```

图 2.31　分类导航链接未设置样式前

图 2.32　分类导航链接设置样式后

第十三步：底部站点导航链接制作。

参照水平导航栏的代码编写，实现效果如图 2.33 所示。

第十四步：底部版权信息制作。

版权信息内容为"Copyright　2016 sina.com"，该内容为一个段落，使用段落标签，代码 CORE0228 如下，效果如图 2.34 所示。

图 2.33　底部本站点导航链接效果

图 2.34　底部设置样式前

```
//代码 CORE0228:底部版权信息 HTML 代码
<p class="inf">
    <a href="#">留言</a><i class="hyp">-</i>
        <a href="#">合作</a>
 </p>
 <p class="cop">Copyright &copy; 2016 sina.com</p>
```

第十五步：修饰底部版权信息。

设置版权信息的字体大小和颜色，代码如 CORE0229 所示。

```
//代码 CORE0229:底部 CSS 代码
footer.site .inf {
    font-size: 16px;
    color: #333;
    margin: 0 0 5px
}
footer.site .cop {
    color: #666;
    font-size: 11.5px
}
```

至此，新浪微博导航界面就制作完成了。

【拓展目的】

熟悉并掌握使用 HTML5 文本和 CSS3 字体、颜色等的技巧。

【拓展内容】

利用本章介绍的技术和方法，制作出手机新浪网导航页界面，效果如图 2.35 所示。

图 2.35　手机新浪网导航页

【拓展步骤】

1. 设计思路

将网页分为 3 部分：头部为 Logo 和标题部分，中间和底部是无序列表制作的导航条，导航条的字体颜色、大小不同。

2. HTML 部分代码

HTML 部分代码如 CORE0230 所示。

```
//代码CORE02230:HTML 代码
<header>
   <div id="logo"></div>
   <div id="top"><h2>手机新浪网</h2></div>
</header>
   <section>
   <div id="news">
      <ul class="ul">
         <li class="h3"><a href="##">新闻</a></li>
         <li class="lii"><a href="##">&middot;</a></li>
         <li class="li"><a href="##">国际</a></li>
         <li class="li"><a href="##">社会</a></li>
         <li class="li"><a href="##"> 图片</a></li>
         <li class="li"><a href="##">锐见</a></li>
         <li class="li"><a href="##">视频</a></li>
      </ul>
   </div>
   <section>
```

3. CSS 主要代码

CSS 主要代码如 CORE0231 所示。

```
//代码CORE0231: CSS 主要代码
#news li a{
   text-decoration:none;
   color:#000;}
#news li a:hover{
   color:#F00;}
#news .h3{
   font-weight:bold;
   color:#00F;}
#news .lii{
   font-size: xx-large;
   font-weight: 900;
   line-height:20px;
   }
```

本项目通过对新闻网站导航网页和文本新闻网页设计的探析和练习，重点熟悉了 HTML5 中常用的文本标签、CSS 文本属性、字体属性、颜色值及颜色表示方法、CSS 链接属性等，学会了网页元素的水平对齐、CSS 导航栏的设计，学会了新闻网页和导航网页的设计方法，

了解了流动布局和弹性布局的优点及缺点，了解了CSS框架的原理，为以后制作响应式网站打好了基础。

width	宽度
height	高度
margin	外边距
padding	内边距
border	边框
float	浮动
left	左
right	右
position	定位

一、选择题

1. 下面不是文本标签属性的是（　　）。
   A．nbsp　　　　B．align　　　　C．color　　　　D．face

2. 关于文本对齐，源代码设置不正确的一项是（　　）。
   A．居中对齐：<div align="middle">...</div>
   B．居右对齐：<div align="right">...</div>
   C．居左对齐：<div align="left">...</div>
   D．两端对齐：<div align="jsitfy">...</div>

3. Web安全色所能够显示的颜色种类为（　　）。
   A．216种　　　B．256种　　　C．千万种　　　D．1500种

4. CSS样式表不可能实现（　　）功能。
   A．将格式和结构分离　　　　B．一个CSS文件控制多个网页
   C．控制图片的精确位置　　　D．兼容所有的浏览器

5. 以下标记符中没有对应的结束标记的是（　　）。
   A．<body>　　　B．
　　　C．<html>　　　D．<title>

二、上机题

通过本项目所学知识，设计一个带有导航条的页面（素材自己选）。

项目 3
同城旅游主界面设计

通过实现同城旅游主界面，学习 HTML5 与 CSS3 图像相关知识，了解和掌握 HTML5 图像相关标签的使用以及 CSS3 图像相关属性。在项目实现过程中：
- 掌握 HTML5 图像标签的使用
- 掌握 CSS3 页面背景图像的设置
- 掌握 CSS3 新增边框属性的设置

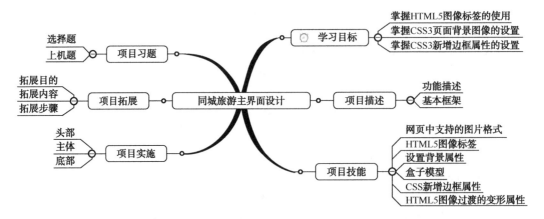

【情境导入】

一个网站要在引人注意的同时显示出想要表达的信息。如果想要使网站丰富多彩，只有文字是不行的，主要原因是纯文字的网站在用户对视觉美感要求较高的时代会让人感到乏味，在网站中添加美化元素是必不可少的，巧妙地在网页中使用图片可以为网页增色。本项目主要是实现同程旅游主界面的设计。

项目 3 同城旅游主界面设计

【功能描述】

- 头部包括同城旅游观光标题、返回按钮、签到按钮
- 主体包括文本搜索框、导航条、推荐旅游目的地图片列表
- 底部包括本站点的版权信息

【基本框架】

基本框架如图 3.1 所示，通过对本项目的学习，能将框架图 3.1 转换成效果图 3.2。

图 3.1 同城观光基本框架图　　　图 3.2 同城旅游观光效果图

3.1　网页中支持的图片格式

网页中使用的图像可以是 GIF、JPEG、BMP、TIFF、PNG 等格式的文件，其中使用最广泛的格式为 GIF 和 JPEG。

1. GIF 格式

GIF 格式是网页上使用最多、应用最广的格式，最多支持 8 位，即 256 种颜色，GIF 格式图片由许多存储块组成，用来存储多幅图像和决定图像表现行为的控制块，实现动画和交互式的效

果。GIF 格式的图片与其他格式的图片相比，具有图像文件短小、下载速度快的特点。

2．JPEG 格式

JPEG 格式图片主要应用于图像和视频处理的领域，优点是能够在提供良好的压缩性能的同时，又具有较好的重建质量。日常制作网页或者处理图片时，经常使用的图片格式为 JPEG、JPG，这些格式是数据经过压缩编码后在媒体上封存的格式。

3.2 HTML5 图像标签

1．<img>标签

<img>标签用于在网页中配置图片。图片可以为照片、网站横幅、公司 Logo、导航按钮等。<img>标签独立使用，在 XHTML 语法中要写成<img/>，HTML5 语法中要写成<img>。<img>标签的属性如表 3.1 所示。

表 3.1　img 的属性

属　性	值	描　述
alt	text	定义有关图形的描述
src	url	要显示的图像的 URL
height	pixels	定义图像的高度
ismap	url	把图像定义为服务器端的图像映射
usemap	url	将图像定义为客户器端图像映射
vspace	pixels	定义图像顶部和底部的空白
width	pixles	设置图像的宽度

图 3.3 所示的效果是配置一张名为 logo.gif 的图片，图片在 CORE0301.html 项目的根目录下。

图 3.3　img 标签的应用示例

为了实现图 3.3 的效果，新建 CORE0301.html，代码如 CORE0301 所示。

```
//代码 CORE0301：<img>标签的使用
<!doctype html>
<html>
<head>
<meta charset="utf-8">
<meta content="width=device-width, initial-scale=1.0, minimum-scale=1.0,
maximum-scale=1.0,user-scalable=no" name="viewport" />
<meta name="format-detection" content="telephone=no"/>
<meta name="apple-mobile-web-app-status-bar-style"  />
<title>img</title>
</head>
<body>
    <img src="logo.jpg" height="300" width="300" alt="这是一张图片" >
</body>
</html>
```

2．<figure>标签和<figcaption>标签

<figure>代表一段独立的流内容（图像、图标、照片、代码等）标签，是文档中流内容的一个主题单元，标签里的流内容和整个网页的主内容有很大的关系，但主内容的修改对<figure>标签的内容没有影响。该标签添加标题时需要<figcaption>标签，<figcaption>标签放在<figure>标签的第一个或者最后一个子元素的后面。使用 figure 标签的效果如图 3.4 所示。

图 3.4　figure 标签设置图片的效果

为了实现图 3.4 的效果，新建 CORE0302.html，代码如 CORE0302 所示。

```
//代码CORE0302:<figure>标签的使用
<!doctype html>
<html>
<head>
<meta charset="utf-8">
<meta content="width=device-width, initial-scale=1.0, minimum-scale=1.0,
maximum-scale=1.0,user-scalable=no" name="viewport" />
<meta name="format-detection" content="telephone=no"/>
<meta name="apple-mobile-web-app-status-bar-style"  />
<title>figure 标签的使用效果</title>
</head>
<body>
<p>figure 标签的使用效果</p>
    <figure>
      <figcaption>标题</figcaption>
         <img src="logo.jpg" width="300" height="300" >
    </figure>
</body>
</html>
```

3. <area>标签

<area>标签与<map>标签配合使用,用于定义可单击的区域图像,该标签有两个参数,分别是 shape 和 coords,其中 shape 代表的是设置热点的形状,coords 代表的是设置热点的位置和大小,基本用法如下。

(1) <area shape="rect" coords="x1, y1,x2,y2" href=url>表示设定热点的形状为矩形,左上角顶点坐标为(x1,y1),右下角顶点坐标为(x2,y2)。

(2) <area shape="circle" coords="x1, y1,r" href=url>表示设定热点的形状为圆形,圆心坐标为(x1,y1),半径为 r。

(3) <area shape="poligon" coords="x1, y1,x2,y2 ......" href=url>表示设定热点的形状为多边形,各顶点坐标依次为(x1,y1)、(x2,y2)、(x3,y3) ......

<map>标签的主要功能是设置图像地图的作用域,基本格式为<map name="图像地图名称"> ...... </map>。添加<area>标签时需添加<map>标签。例如:

```
<map name="mapId">
      <area shape="circle" coords="50, 100,3" href=url ><!—定义形状为圆形,
圆心坐标为(50,100),半径为3-- >
</map>
```

了解<map>标签的介绍和使用,<area>标签综合案例,以及HTML5中图像的变换效果。扫描图中二维码,,获取更多信息。

3.3 设置背景属性

1. CSS 背景属性(background)

CSS 背景属性主要应用于 CSS 文件中,作用是通过 CSS 的设置使网页背景呈现出各种样

式。CSS 背景控制属性如表 3.2 所示。

表 3.2 CSS 背景控制属性

属　　性	描　　述
background-color	用来设置网页的背景颜色
background-image	用来设置网页的背景图片，也就是添加背景图片
background-repeat	用来设置背景平铺重复方向
background-attachment	用来设置背景图像是固定还是滚动的
background-position	用来设置背景图片的位置
background-origin	用来规定背景图片的定位区域

background 主要作用是设置纯色背景或图片背景，可以给背景添加一些属性，如设置背景图片是否滚动，以及背景图片所在的位置等。background 背景样式的属性可以进行单独设置或复合设置（即 background 元素后面可以添加多个属性值，每个值之间需要使用空格隔开）。

```
background:#000 url(logo.jpg) no-repeat left top /*背景颜色为黑色，图片为
logo.jpg，平铺重复方向为不重复，图片的位置为左上方*/
```

2. background-color 属性

background-color 属性主要用于设置网页或网页中元素的背景颜色，设置的背景颜色为纯色。使用 background-color 属性填充颜色时不仅会填充元素的内容，还会填充内边距和边框，但不包括外边距，若边框有透明部分（如虚线边框），则会透过这些透明部分显示背景色。background-color 属性值如表 3.3 所示。

表 3.3 background-color 属性值

值	描　　述
color_name	表示颜色值为颜色名称的背景颜色（如 blue）
hex_number	表示规定颜色值为十六进制值的背景颜色（如 #ffff00）
rgb_number	表示颜色值为 RGB 代码的背景颜色（如 RGB（255,255,0）
transparent	默认。背景颜色为透明

使用 background-color 属性来设置背景颜色和标签颜色的效果如图 3.5 所示。

图 3.5 background-color 属性的应用

为了实现图 3.5 的效果，新建 CORE0303.html 文档，代码如 CORE0303 所示。

```
//代码CORE0303:background-color 属性的使用
<!doctype html>
<html>
<head>
<meta charset="utf-8">
<meta content="width=device-width, initial-scale=1.0, minimum-scale=1.0,
maximum-scale=1.0,user-scalable=no" name="viewport" />
<meta name="format-detection" content="telephone=no"/>
<meta name="apple-mobile-web-app-status-bar-style"  />
<title>background-color 应用</title>
</head>
<body>
<style type="text/css">
body {background-color: pink;}/*背景颜色为粉色*/
h1 {background-color: #00ff00}/*标题 1 的背景颜色为绿色*/
h2 {background-color: transparent}/*标题 2 的背景颜色为透明*/
p {background-color: rgb(250,0,255)}/*段落标签的背景颜色为粉色*/
p.padding {background-color: gray; padding: 20px;}/*背景颜色为灰色，内边距为
20px*/
</style>
</head>
<body>
    <h1>同城旅游观光地点界面</h1>
    <h2>同城旅游观光地点界面</h2>
    <p>同城旅游观光地点界面</p>
    <p class="padding">同城旅游观光地点界面（设置该属性内边距）</p>
</body>
</html>
```

3. background-image 属性

网页图像不仅可以使用颜色来装饰，还可以使用图片来装饰。使用图片修饰显得更加美观、漂亮，这点和 HTML 中的 background 属性相似，但在使用 HTML 中的 background 属性时只能对<body>标签进行定义，在 CSS 中 background 属性不仅可以对<body>标签进行定义，还可以对<body>中的任何标签进行定义。默认情况下，使用背景图片所显示的位置位于所属标签的左上角，并在水平和垂直方向上平铺图片。background-image 属性值如表 3.4 所示。

表 3.4 background-image 属性表

值	描述
url('URL')	表示指向图像的路径
none	默认值。表示不显示背景图像
inherit	规定应该从父元素继承 background-image 属性的设置

使用 background-image 设置背景图片的效果如图 3.6 所示。

项目 3　同城旅游主界面设计

图 3.6　background-image 属性应用示例

为了实现图 3.6 的效果，新建 CORE0304.html 文档，代码如 CORE0304 所示。

```
//代码 CORE0304:background-image 属性的使用
<!doctype html>
<html>
<head>
<meta charset="utf-8">
<meta content="width=device-width, initial-scale=1.0, minimum-scale=1.0,
maximum-scale=1.0,user-scalable=no" name="viewport" />
<meta name="format-detection" content="telephone=no"/>
<meta name="apple-mobile-web-app-status-bar-style" />
<title> background-image 属性的使用</title>
</head>
<style type="text/css">
body{
    background-color:#999;  /*背景颜色为灰色*/
    background-image:url(logo.jpg);}/*背景图片为 logo.jpg*/
</style>
</head>
<body>
</body>
</html>
```

4．background-repeat 属性

background-repeat 属性用来设置图片平铺的方向，在设置图片背景后使用。如果未规定 background-position 属性，则图像显示位置为左上角，background-repeat 属性如表 3.5 所示。

表 3.5　background-repeat 属性

值	描述
repeat	默认。表示背景图像将在垂直方向和水平方向上重复
repeat-x	表示背景图像将在水平方向上重复

续表

值	描述
repeat-y	表示背景图像将在垂直方向上重复
no-repeat	表示背景图像只显示一次
inherit	表示应该从父元素继承 background-repeat 属性的设置

使用 background-repeat 的效果如图 3.7 所示。

图 3.7　background-repeat 属性应用示例

为了实现图 3.7 的效果，新建 CORE0305.html 文档，代码如 CORE0305 所示。

```
//代码 CORE0305:background-repeat 属性的使用
<!doctype html>
<html>
<head>
<meta charset="utf-8">
<meta content="width=device-width, initial-scale=1.0, minimum-scale=1.0, maximum-scale=1.0,user-scalable=no" name="viewport" />
<meta name="format-detection" content="telephone=no"/>
<meta name="apple-mobile-web-app-status-bar-style"  />
<title>background-repeat 属性的使用</title>
</head>
<style type="text/css">
body{
    background-color:#CCC;            /*背景颜色为灰色*/
    background-image:url(logo.jpg);   /*图片为 logo.jpg*/
    background-repeat:no-repeat;}     /*平铺样式设为不重复*/
</style>
</head>
<body>
</body>
</html>
```

5．background-position 属性

background-position 属性用像素定位或百分比定位的方式设置背景定位，这是在最初的表

格布局中没有办法实现的功能。background-position 属性的默认值是 top left，与 background-repeat 属性相同。background-position 属性如表 3.6 所示。

表 3.6　background-position 属性

值	描述
X、Y	X：水平。Y：垂直。左上角：left　top。取值：top center right
X%、Y%	X：水平。Y：垂直。左上角：0% 0%
Xpos、Ypos	X：水平。Y：垂直。左上角：0 0

使用 background-position 的效果如图 3.8 所示。

图 3.8　background-position 属性应用示例

为了实现图 3.8 的效果，新建 CORE0306.html 文档，代码如 CORE0306 所示。

```
//代码CORE0306:使用background-position设置背景图片代码
<!doctype html>
<html>
<head>
<meta charset="utf-8">
<meta content="width=device-width, initial-scale=1.0, minimum-scale=1.0, maximum-scale=1.0,user-scalable=no" name="viewport" />
<meta name="format-detection" content="telephone=no"/>
<meta name="apple-mobile-web-app-status-bar-style"  />
<title>background-position 应用</title>
</head>
<style type="text/css">
body{
    background-color:#999;/*背景颜色为灰色*/
    background-image:url(logo.jpg);/*背景图片为logo.jpg*/
    background-repeat:no-repeat;/* 平铺样式设为不重复*/
    background-position:20px 20px;}/*设置图片的位置为左边距20px，上边距20px*/
</style>
</head>
<body>
</body>
</html>
```

6. background-attachment 属性

界面完成后浏览时，如果界面比较小则会出现滚动条，此时页面背景会自动跟随滚动条一起滚动，在 CSS 中，针对背景元素的控制，提供了 background-attachment 属性，该属性使背景不受滚动条的影响，始终保持在固定的位置。background-attachment 属性如表 3.7 所示。

表 3.7 background-attachment 属性

值	描述
scroll	默认值。表示背景图像会随着页面其余部分的滚动而移动
fixed	表示当页面的其余部分滚动时，背景图像不会移动
inherit	表示从父元素继承 background-attachment 属性的设置，可以混合使用 X%和 position 值

使用 background-attachment 的效果如图 3.9 所示。

图 3.9 background-attachment 属性应用示例

为了实现图 3.9 的效果，新建 CORE0307.html 文档，代码如 CORE0307 所示。

```
//代码CORE0307:background-attachment 属性的使用
<!doctype html>
<html>
<head>
<meta charset="utf-8">
<meta content="width=device-width, initial-scale=1.0, minimum-scale=1.0,maximum-scale=1.0,user-scalable=no" name="viewport" />
<meta name="format-detection" content="telephone=no"/>
<meta name="apple-mobile-web-app-status-bar-style" />
```

```
<title> background-attachment 属性的使用</title>
</head>
<body>
<style type="text/css">
body
{
background-image:url(logo.jpg);
background-repeat:no-repeat; /* 平铺样式设为不重复*/
background-attachment:fixed; /*背景图像是随对象内容而固定的*/
color:#0F0;
}
</style>
</head>
<body>
    <p>图像不会随页面的其余部分滚动。</p>
    <p>图像不会随页面的其余部分滚动。</p>
    <p>图像不会随页面的其余部分滚动。</p>
    <p>图像不会随页面的其余部分滚动。</p>
    <p>图像不会随页面的其余部分滚动。</p>
    <!--省略部分代码-->
</body>
</html>
```

3.4 盒子模型

1. 盒子模型概念

所谓盒子模型就是把 HTML 页面中的元素看作一个矩形的盒子,用这个假设的盒子设置各元素与网页之间的空白,如元素的边框宽度、样式、颜色,以及元素内容与边框之间的空白距离。

一般使用盒子模型时,搭配 margin 属性、border 属性及 padding 属性,可以更好地控制元素的样式,四者之间的关系如图 3.10 所示。

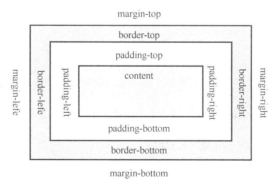

图 3.10 盒子模型结构图

2. margin 属性

在 CSS 中通过 margin 属性设置元素边框与相邻元素之间的距离。margin 的属性如表 3.8 所示。

表 3.8 margin 的属性

属　　性	描　　述
margin-top	上外边距
margin-right	右外边距
magin-bottom	下外边距
margin-left	左外边距
margin	上外边距 [右外边距　下边距　左边距]

> **! 注意**
> 使用复合属性 margin 定义外边距时，必须按顺时针顺序采用值复制，一个值为四边、两个值为上下/左右，三个值为上/左右/下。

使用 margin 属性的应用效果如图 3.11 所示。

图 3.11　margin 属性的应用

为了实现图 3.11 的效果，新建 CORE0308.html，代码如 CORE0308 所示。

```
//代码CORE0308:margin 属性的应用
<!doctype html>
<html>
<head>
<meta charset="utf-8">
<meta content="width=device-width, initial-scale=1.0, minimum-scale=1.0, maximum-scale=1.0,user-scalable=no" name="viewport" />
<meta name="format-detection" content="telephone=no"/>
```

```
<meta name="apple-mobile-web-app-status-bar-style" />
<title>margin 属性</title>
<style>
  body{
     margin-top:10px;/*上外边距为10px*/
     margin-left:120px; /*左外边距为10px*/}
  .p1{
     margin-left:60px;
     margin-top:60px;}
  .p2{
       margin:10px;/*外边距为10px*/}
</style>
</head>
<body>
  <p>没有设置边界属性</p>
  <p class="p1">设置边界属性，上为60px，左为60px</p>
  <p class="p2">设置边界属性，四边为10px</p>
</body>
</html>
```

3. border 属性

在 CSS 中可通过 border 属性为图像添加边框，同时可以调节边框的粗细程度，以及边框的样式和颜色。border 的属性如表 3.9 所示。

表 3.9 border 的属性

属性	描述
border-width	用来设置边框粗细的主要参考值有 thin 定义细边框，medium 定义中等边框，即默认边框，hick 定义粗边框
border-style	用来设置元素边框样式，主要参考值有 none 定义无边框，solid 定义实线，double 定义双线，双线宽度等于 border-width 的值
border-color	用来设置边框的颜色

border 边框属性的应用效果如图 3.12 所示。

图 3.12 border 边框属性的应用

为了实现图 3.12 的效果，新建 CORE0309.html，代码 CORE0309 如下。

```
//代码 CORE0309:border 属性的应用
<!doctype html>
<html>
<head>
<meta charset="utf-8">
<meta content="width=device-width, initial-scale=1.0, minimum-scale=1.0,
maximum-scale=1.0,user-scalable=no" name="viewport" />
<meta name="format-detection" content="telephone=no"/>
<meta name="apple-mobile-web-app-status-bar-style"  />
<title>border 边框属性</title>
<style>
    .dashed {
       border-top-style: dashed;  /*头部边框样式为虚线*/
    }
    .dotted {
        border-top-style: dotted;  /*头部边框样式为虚线*/
    }
    .solid {
        border-top-style: solid;   /*头部边框样式为实线*/
    }
    .double {
        border-top-style: double;  /*头部边框样式为双实线*/

    }
    div {
       border-top-color:#F00;   /*头部边框颜色为红色*/
       border-top-width: 5px;   /*头部边框宽度为5px*/
       width: 300px;
       height: 50px;
    }
</style>
</head>
<body>
  <div class="dashed"></div>
  <div class="dotted"></div>
  <div class="solid"></div>
  <div class="double"></div>
</body>
</html>
```

4．padding 属性

在 CSS 中通过 padding 属性来设置边框和内部元素之间的空白距离。padding 的属性如表 3.10 所示。

表 3.10 padding 的属性

属性	描述
padding-top	上内边距
padding-right	右内边距
padding-bottom	下内边距
padding-left	左内边距
padding	上内边距 [右内边距　下内距　左内距]

使用 padding 属性的应用效果如图 3.13 所示。

图 3.13 padding 属性的应用

为了实现图 3.13 的效果，新建 CORE0310.html，代码 CORE0310 如下。

```
//代码CORE0310:padding属性的应用
<!doctype html>
<html>
<head>
<meta charset="utf-8">
<meta content="width=device-width, initial-scale=1.0, minimum-scale=1.0, maximum-scale=1.0,user-scalable=no" name="viewport" />
<meta name="format-detection" content="telephone=no"/>
<meta name="apple-mobile-web-app-status-bar-style"  />
<title>padding 属性</title>
<style>
 .p{border:1px solid #00C;}
 .p1{
    padding:20px;}
 .p2{
    padding:50px;}
</style>
 </head>
 <body>
    <p class="p1">设置内边距为 20px 的样式</p>
    <p class="p2">设置内边距为 50px 的样式</p>
</body>
</html>
```

3.5 CSS3新增边框属性

CSS3中新增了3种有关边框控制的属性，分别是border-image、border-raduis、border-shadow。

1．border-image属性

border-image属性主要功能是使用图像作为标签的边框。如果<table>标签设置了border-collapse:collapse，则border-image无效。border-image的相关属性如表3.11所示。

表3.11 border-image的属性

值	描　　述
border-image-source	表示使用在边框的图片的路径
border-image-slice	表示图片边框向内偏移
border-image-width	表示图片边框的宽度
border-image-outset	表示边框图像区域超出边框的量

使用border-image属性的效果如图3.14所示。

图3.14 border-image的应用效果

为了实现图3.14的效果，新建CORE0311.html，代码如CORE0311所示。

```
//代码 CORE0311:border-image 属性的使用
<!doctype html>
<html>
<head>
<meta charset="utf-8">
<meta content="width=device-width, initial-scale=1.0, minimum-scale=1.0,
maximum-scale=1.0,user-scalable=no" name="viewport" />
<meta name="format-detection" content="telephone=no"/>
<meta name="apple-mobile-web-app-status-bar-style"  />
<title>border-image 属性的使用</title>
<style>
div
{
border:10px solid transparent;/*边框 10px、实线、颜色为透明*/
width:50px;/*宽度为 50px*/
padding:10px;/*内边距为 10px*/
-moz-border-image:url(logo.jpg) 0 14 0 14 stretch; /* 旧版本的 Firefox */
-webkit-border-image:url(logo.jpg) 0 14 0 14 stretch; /* Safari */
-o-border-image:url(logo.jpg) 0 14 0 14 stretch; /* Opera */
border-image:url(logo.jpg) 0 14 0 14 stretch;/* 背景图像为 logo.jpg,上边框为
0，右边框为 14，下边距为 0，左边距为 14，图像重复性为拉伸  */
}
img{
    width:100px;
    height:100px;}
</style>
</head>
<body>
    <div>Search</div>
    <p>这是我们使用的图片：</p>
    <img src="logo.jpg">
</body>
</html>
</body>
</html>
```

> 提示
>
> 支持 border-image 属性的浏览器有 Internet Explorer 11、Firefox、Opera 15、Chrome 及 Safari 6。

2．border-radius 属性

border-radius 属性的主要功能是实现圆角的边框效果。border-raduis 的相关属性如表 3.12 所示。

表 3.12 border-raduis 属性

值	描 述
length	定义圆角的形状
%	以百分比定义圆角的形状

使用 border-raduis 的效果如图 3.15 所示。

图 3.15 border-radius 的应用效果

为了实现图 3.15 的效果，新建 CORE0312.html，代码如 CORE0312 所示。

```
//代码CORE0312:border-radius的使用
<!doctype html>
<html>
<head>
<meta charset="utf-8">
<meta content="width=device-width, initial-scale=1.0, minimum-scale=1.0,maximum-scale=1.0,user-scalable=no" name="viewport" />
<meta name="format-detection" content="telephone=no"/>
<meta name="apple-mobile-web-app-status-bar-style"  />
<title>border-raduis 使用</title>
<style>
.radius1
{
text-align:center;/*文字显示方式为居中*/
border:2px solid #F00;/*边框粗细 2px、实线、红色*/
background:#0FF;/*背景颜色为蓝色*/
width:250px;
border-radius:50px;/*圆角半径为 50px*/
-moz-border-radius:50px;  /* 旧版本的 Firefox */
}
.radius2
{
text-align:center;
border:2px solid #F00;
background:#0FF;
width:250px;
margin-top:20px;
-moz-border-radius:50px; /* 旧版本的 Firefox */
}
</style>
```

```
</head>
<body>
    <div class="radius1">圆角为 50px</div>
    <div class="radius2">圆角为 0px</div>
</body>
```

在上面的代码中采用的是简化的 border-raduis 以设置圆角，也可以写成：

```
border-top-left-radius:50px;
border-top-right-radius:50px;
border-bottom-right-radius:50px;
border-bottom-left-radius:50px;
```

提示

支持 border-raduis 属性的浏览器有 IE 9+、Firefox 4+、Chrome、Safari 5+ 及 Opera。

3. box-shadow 属性

box-shadow 属性的主要功能是为边框添加阴影，可以添加一个或者多个阴影，阴影设置的属性用逗号隔开。省略长度的值为 0。box-shadow 的属性如表 3.13 所示。

表 3.13 box-shadow 属性

值	描述
h-shadow	必须填写。表示水平阴影的位置。允许为负值
v-shadow	必须填写。表示垂直阴影的位置。允许为负值
blur	可选。表示模糊距离
spread	可选。表示阴影的尺寸
color	可选。表示阴影的颜色。请参阅 CSS 颜色值
inset	可选。表示将外部阴影 (outset) 改为内部阴影

使用 box-shadow 的效果如图 3.16 所示。

图 3.16 box-shadow 的应用效果

为了实现图 3.16 的效果，新建 CORE0313.html，代码如 CORE0313 所示。

```
//代码 CORE0313:box-shadow 的使用
<!doctype html>
<html>
<head>
<meta charset="utf-8">
<meta content="width=device-width, initial-scale=1.0, minimum-scale=1.0,
maximum-scale=1.0,user-scalable=no" name="viewport" />
<meta name="format-detection" content="telephone=no"/>
<meta name="apple-mobile-web-app-status-bar-style"  />
<title>box-shadow 使用</title>
<style>
.shadow1
{
width:200px;
height:200px;
background-color:#ff9900;/*背景颜色为橙色*/
-moz-box-shadow: 10px 10px 5px #F00; /* 旧版本的 Firefox */
box-shadow: 10px 10px 5px 5px #F00;/*水平偏移距离 10px,垂直偏移 10px,阴影模糊距
离 5px,阴影尺寸 5px,颜色为红色 */
}

.shadow2
{
width:200px;
height:200px;
background-color:#ff9900;
margin-top:20px;
-moz-box-shadow: 10px 10px 5px #F00; /* 旧版本的 Firefox */
box-shadow:-10px 10px  5px #F00 inset;/*水平偏移距离 10px,垂直偏移 10px,阴影模
糊距离 5px,阴影尺寸 5px,颜色为红色,内部阴影 */
}
</style>
</head>
<body>
    <div class="shadow1"></div>
    <div class="shadow2"></div>
</body>
</html>
```

3.6 HTML5 图像过渡和变形属性

1. transition 属性

transition 属性主要功能是实现背景图像过渡的效果，是 HTML5 新增的功能，在做动画时使用最多。transition 的属性如表 3.14 所示。

表 3.14 transition 的属性

值	描述
property	表示设置过渡效果的 CSS 属性的名称
transition-duration	表示完成过渡效果需要多少秒或毫秒

续表

值	描　　述
transition-timing-function	表示过渡效果的速度曲线
transition-delay	表示过渡效果何时开始

使用 transition 的效果如图 3.17 所示。

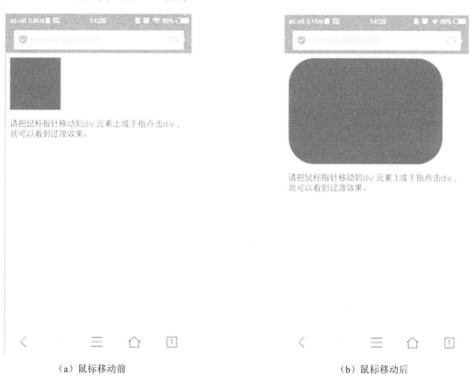

(a) 鼠标移动前　　　　　　　　　　　　　(b) 鼠标移动后

图 3.17　transition 的应用效果图

为了实现图 3.17 的效果，新建 CORE0314.html，代码如 CORE0314 所示。

```
//代码CORE0314：transition 属性的使用
<!doctype html>
<html>
<head>
<meta charset="utf-8">
<meta content="width=device-width, initial-scale=1.0, minimum-scale=1.0, maximum-scale=1.0,user-scalable=no" name="viewport" />
<meta name="format-detection" content="telephone=no"/>
<meta name="apple-mobile-web-app-status-bar-style"  />
<title>transition 属性的使用</title>
<style>
div
{
width:100px;
height:100px;
background:#F00;
transition:width 3s;/*过渡宽度为3s*/
-moz-transition:width 2s; /* Firefox 过渡宽度为2s */
```

```
            -webkit-transition:width 2s; /* Safari 和 Chrome 过渡宽度为 2s*/
            -o-transition:width 2s; /* Opera 过渡宽度为 2s */
        }
        div:hover
        {

            width:300px;
            height:200px;
            border-radius:50px;/*圆角边框 50px*/
        }
        </style>
    </head>
    <body>
        <div></div>
        <p>请把鼠标指针移动到 div 元素上或手指点击 div，就可以看到过渡效果。</p>
    </body>
</html>
```

2. transform 属性

transform 属性的主要功能是实现图形的变形，主要实现变形的方式有旋转 rotate、扭曲 skew、缩放 scale、移动 translate 以及矩阵变形 matrix。transform 属性值如表 3.15 所示。

表 3.15 transform 属性值

值	描述
none	表示不进行转换
matrix(n,n,n,n,n,n)	表示 2D 转换，使用 6 个值的矩阵
matrix3d(n,n,n,n,n,n,n,n,n,n,n,n,n,n,n,n)	表示 3D 转换，使用 16 个值的 4×4 矩阵
translate(x,y)	表示 2D 转换
translate3d(x,y,z)	表示 3D 转换
scale(x,y)	表示 2D 缩放转换
scale3d(x,y,z)	表示转换，只使用 X 轴的值

使用 transform 的效果如图 3.18 所示。

图 3.18 transform 的应用效果

为了实现图3.18的效果，新建CORE0315.html，代码如CORE0315所示。

```html
//代码CORE0315:transform的使用
<!doctype html>
<html>
<head>
<meta charset="utf-8">
<title> transform的使用</title>
<style>
body
{
margin:30px;
background-color:#E9E9E9;
}
div.demo
{
width:130px;
padding:10px 10px 20px 10px;
border:1px solid #BFBFBF;
background-color:white;
/* Add box-shadow */
box-shadow:2px 2px 3px #aaaaaa;
}
div.rotate_left
{
float:left;
-ms-transform:rotate(10deg); /* IE 9 */
-moz-transform:rotate(10deg); /* Firefox */
-webkit-transform:rotate(10deg); /* Safari 和 Chrome */
-o-transform:rotate(10deg); /* Opera */
transform:rotate(10deg);/*旋转角度为10度*/
}
div.rotate_right
{
float:left;
-ms-transform:rotate(-8deg); /* IE 9 */
-moz-transform:rotate(-8deg); /* Firefox */
-webkit-transform:rotate(-8deg); /* Safari 和 Chrome */
-o-transform:rotate(-8deg); /* Opera */
transform:rotate(-8deg);/*旋转角度为-8度*/
}
img{
    width:100px;
    height:100px;}
</style>
</head>
<body>
    <div class="demo rotate_left">
        <img src="logo.jpg" alt="旋转10度" />
        <p class="caption">旋转10度</p>
    </div>
    <div class="demo rotate_right">
        <img src="logo.jpg" alt="旋转-8度" />
        <p class="caption">旋转-8度</p>
    </div>
</body>
</html>
```

> 提示
>
> 支持 transform 属性的浏览器有 Internet Explorer 10+、Firefox、Opera。

通过下面九个步骤的操作,实现图 3.2 所示的同城旅游主界面的设计。

第一步:打开 Dreamweaver CS6 软件,文档类型选择"HTML5"选项,如图 3.19 所示。

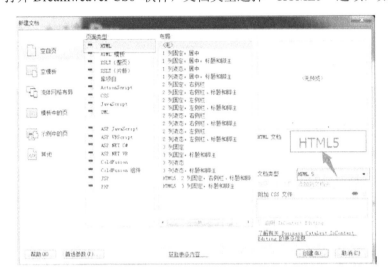

图 3.19 新建 HTML5 界面

第二步:创建并保存 CORE0313.html 文件,效果如图 3.20 所示。

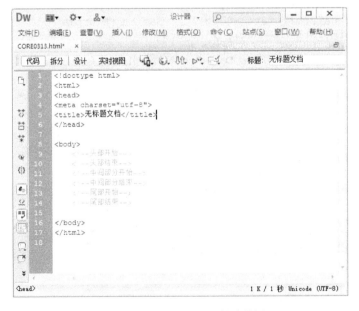

图 3.20 新建 HTML5 文档结构图

第三步：新建 state.css 文件，通过外联方式引入到 HTML 文件中，如图 3.21 所示。

图 3.21　以外联方式引入到 HTML 中

第四步：在<head>中添加<meta>标签，使网页适应手机屏幕宽度。代码如 CORE0316 所示。

```
//代码 CORE0316:<meta>标签
<meta content="width=device-width, initial-scale=1.0, minimum-scale=1.0,
maximum-scale=1.0,user-scalable=no" name="viewport" />
<meta name="format-detection" content="telephone=no"/>
<meta name="apple-mobile-web-app-status-bar-style"  />
```

第五步：头部制作。

头部样式制作分为 3 部分：返回按钮、标题、签到按钮。其中，返回按钮和签到按钮都是点击事件，使用<a>标签，在 CSS 样式中引入所需图片，标题用<h1>标签表示，代码 CORE0317 如下，添加内容后效果如图 3.22 所示。

```
//代码 CORE0317:头部 HTML 代码
  <header class="head">
  <a class="back" href="##" id="return"></a>
  <div class="title">
  <h1>推荐旅游目的地</h1>
  </div>
  <div class="bar">
  <a href="##" id="card" class="ka">签到</a>
  </div>
  </header>
```

清除元素边距，设置头部的样式，头部背景颜色为白色，底部边框为 1px solid #f29406，代码 CORE0318 如下，效果如图 3.23 所示。

```
//代码 CORE0318:头部 CSS 代码
*{
  padding:0px;
  margin:0px;
  border:0px;
}
a,a:visited {
  text-decoration: none;
  color: #666;
  outline: 0
}
.head {
  width: 100%;
  height: 50px;
  background-color: #fff;
  border-bottom: 1px solid #f29406;
  display: table;
  position: relative
}
```

图 3.22　头部设置样式前　　　　　　图 3.23　设置头部样式后

设置返回按钮的样式，给返回按钮添加图片，设置返回按钮的位置、大小、显示方式，代码 CORE0319 如下，效果如图 3.24 所示。

```
//代码 CORE0319:按钮样式
.head a.back {
  width: 50px;
  height: 50px;
  display: table-cell;
  background:url(img/i_head4.png) no-repeat;
```

```
    background-size: 100px 300px;
    background-position: 0 0
}
```

设置标题样式和签到样式代码 CORE0320，效果如图 3.25 所示，此时头部设计完成。

```
//代码 CORE0320:标题样式和签到样式
  .head h1 {
    font-size: 18px;
    color: #f29406;
    display: inline-block;
    height: 50px;
    line-height: 50px;
    vertical-align: top;/*竖直居中方式头部居中*/
    margin-left: 50px;/*左边距*/
    font-weight: bold;/*字体粗细*/
}
.head a.ka {
    width: 30px;
    height: 30px;
    padding-left: 10px;/*左内边距为 10px*/
    position: absolute;/*绝对位置*/
    border: 0;
    line-height: 30px;
    color: #fff;
    right: 0;
    top: 10px;
    display: inline-block;/*显示方式：行块*/
    font-size: 12px;
    background-color: #23a9f8;
    border-radius: 15px 0 0 15px;
    margin-right: 5px;
}
```

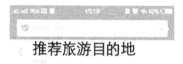

图 3.24　设置头部返回样式　　　图 3.25　设置标题样式和签到样式

HTML5+CSS3项目开发实战

第六步：主体部分文本搜索框的制作。

文本搜索框使用<input>标签（具体参见项目5），代码 CORE0321 如下，效果如图 3.26 所示。

```
//代码 CORE0321:文本搜索框 HTML 代码
 <section class="middle_sea">
   <!--input 类型为 search,显示文字为"搜索你想去的地方"-->
   <input type="search" name="q" autocomplete="on" id="mdd_search_box_new" placeholder="搜索你想去的地方" />
 </section>
```

设置文本搜索边的样式，代码 CORE0322 如下，效果如图 3.27 所示。

```
//代码 CORE0322:文本搜索框样式
 .middle_sea {
   background-color: #ededed;
   padding: 8.5px 10px;
   position: relative
 }
 .middle_sea input {
   padding: 7.5px 0;
   width: 100%;
   border: 0;
   font-size: 15px;
   color: #666;
   background: #fff url(../images/hotel_sprite4.png) -62px 9px no-repeat;
   background-size: 240px 250px;
   border-radius: 4px;/*圆角边框*/
   text-indent: 25px
 }
```

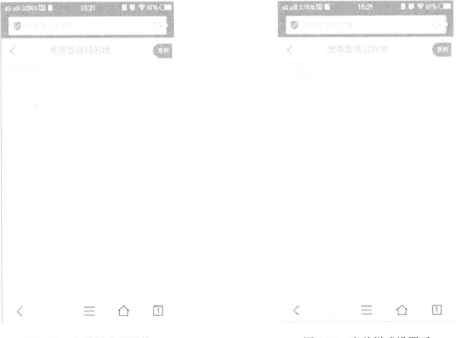

图 3.26　表单样式设置前　　　　　　　　图 3.27　表单样式设置后

第七步：主体部分导航栏的制作。

导航栏是使用无序列表标签<ul>设置的，代码 CORE0323 如下，效果如图 3.28 所示。

```
//代码 CORE0323:导航条代码
  <nav class="mdd_menu">
  <ul>
   <li><em></em><a href="#" class="on">首选</a></li>
   <li><em></em><a href="#" class="">推荐</a></li>
   <li><em></em><a href="#" class="">大陆</a></li>
  </ul>
  </nav>
```

导航栏的样式为左浮动，显示方式为行块，文字水平居中，代码 CORE0324 如下，效果如图 3.29 所示。

```
//代码 CORE0324:导航栏样式
  .mdd_menu {
    height: 43px;
    background-color: #fff;
    border-bottom: solid 1px #c8c8c8;
    overflow: hidden;
    white-space: nowrap;
  }
  .mdd_menu ul {
    display: table;
    width: 100%
  }
  .mdd_menu ul li {
    display: table-cell;
    text-align: center
  }
  .mdd_menu ul li a {
    display: inline-block;
    line-height: 40px;
    color: #666;
    text-align: center;
    font-size: 16px;
    border-bottom: solid 2px #fff;
    margin: 0 10px;
    padding: 0 27px;
  }
  .mdd_menu ul li a.on {
    border-bottom: solid 3px #f29406;
    color: #f29406
  }
  .mdd_menu ul li em {
    height: 15px;
    width: 1px;
    background-color: #eee;
    float: right;
    margin-top: 13px
  }
```

图 3.28　导航栏样式设置前　　　　　图 3.29　导航栏样式设置后

第八步：主体部分推荐目的地图片的制作。

推荐目的地为文字和图片的结合，图片使用<img>标签，文字使用<span>标签，代码 CORE0325 如下，效果如图 3.20 所示。

```
//代码 CORE0325:推荐目的地代码
    <!--推荐目的地代码-->
<section class="mdd_con">
    <div class="mdd_box">
        <div class="mdd_tit">
         <span> <strong style="font-size:16px;font-weight:normal;">首尔
            </strong>，山水中的彩墨美学 </span>
        </div>
        <div class="slider-wrapper">
            <ul class="mdd_silde">
            <li><a href="##"><img class="introd" src="img/UPQVr9_
                450x250_00.jpg" /><span>新村大学城</span></a></li>
            <li><a href="##"><img class="introd" src="img/rr8xmi_
                450x250_00.jpg" /><span>乐天世界</span></a></li>


            <li><a href="##"><img class="introd" src="img/UPQVr9_
                450x250_00.jpg" /><span>梨花壁画村</span></a></li>
            </ul>
        </div>
    </div>
<!-省略部分代码-->
    </section>
```

设置中间部分推荐旅游目的地的样式，代码 CORE0326 如下，效果如图 3.31 所示。

```css
//代码CORE0326:推荐目的地样式
.mdd_con {
    width: 100%;
    overflow: hidden
}
.mdd_box {
    padding: 25px 0 10px 10px;
    border-bottom: solid 1px #eee
}
.mdd_tit {
    line-height: 16px;
    font-size: 13px;
    color: #333;
    border-top: solid 1px #f29406;
    position: relative
}
.mdd_tit span {
    display: inline-block;
    background-color: #fff;
    padding: 0 10px 0 8px;
    position: absolute;
    top: -10px;
    border-left: solid 3px #f29406
}
.mdd_tit strong {
    font-size: 16px;
    font-weight: normal
}
.slider-wrapper {
    padding-top: 12px
}
.mdd_silde {
    overflow: hidden;
    margin-top: 10px;
    overflow: hidden;
}
.mdd_silde li {
    float: left;
    width: 33.3%;
    overflow: hidden;
    white-space: nowrap;
    position: relative
}
.mdd_silde li a {
    display: block;
    padding-right: 10px
}
.mdd_silde img {
    width: 100%
}
.mdd_silde span {
    height: 22px;
    padding: 0 8px;
    line-height: 22px;
    font-size: 13px;
    color: #fff;
    position: absolute;
    left: 0;
    bottom: 10px;
    background-color: rgba(0,0,0,0.5)
}
```

图 3.30　中间部分推荐旅游目的地设置前　　图 3.31　中间部分推荐旅游目的地设置后

第九步：底部版权信息的制作。

版权信息内容为"Copyright　2016 trip.com"，该内容为一个段落，使用段落标签，代码 CORE0327 如下，效果如图 3.2 所示。

```
//代码 CORE0327：底部版权信息样式
footer .cop {
    color: #666;
    font-size: 11.5px;
    text-align:center;
}
```

至此，同城旅游观光地点界面就制作完成了。

【拓展目的】

熟悉 HTML5 中的图像标签的使用、CSS 背景的设置、CSS 在页面中图像的设置。

【拓展内容】

利用本项目介绍的技术和方法，制作出同城旅游的用户分享界面，效果如图 3.32 所示。

项目 3　同城旅游主界面设计

图 3.32　用户分享界面效果

【拓展步骤】

1．设计思路

将网页分成 3 部分：头部为主页图片、Logo 和标题，中间部分是图片和图片讲解，底部是"点击查看更多"按钮。

2．HTML 部分代码

HTML 部分代码如 CORE0328 所示。

```
//代码 CORE0328：HTML
<div id="center">
    <ul>
        <li><a href="##" onclick="" rel="external" class="ui-link">
         <img src="img/dbdatm.jpg" width="300" height="170" >1 </a>
         <section class="text_layer p10 font-yahei">
          <h2 class="f16 fb fefefe fn-tl">去日本游玩的这些天</h2>
          <aside class="f12 bbb">
           <span class="fn-fl">2016-1-1  </span>
           <span class="fn-fr">by 小物</span>
          </aside>
         </section>
        </li>
    </ul>
</div>
```

3．CSS 部分代码

CSS 部分代码如 CORE0329 所示。

089

```
//代码 CORE0329: 中间代码
.qn_footer .main_nav {
    width: 300px;
    height: 62px;
    margin: 0 auto;
    padding: 5px 10px 0 10px;
}
.qn_footer .main_nav li {
    margin: 0;
    height: 31px;
    width: 60px;
    float: left;
    position: relative;
    background: none;
}
.qn_footer .main_nav li a {
    display: block;
    height: 22px;
    width: 100%;
    font-size: 12px;
}
.qn_footer .main_nav li.hover:after {
    content: ' ';
    position: absolute;
    top: -2px;
    left: -2px;
    width: 60px;
    height: 28px;
    background: black;
    opacity: .25;
    border-radius: 0;
}
```

本项目通过对旅游网站旅游目的地推荐网页的训练、探析和练习，重点熟悉了 HTML5 中图像标签的使用、CSS 背景的设置、CSS 在页面中图像的设置，以及 CSS3 中新增的关于图片的标签的使用，学会在网页中合理地插入图像和应用图片设计景点推荐网页的方法。

align	段落对齐方式
marquee	滚动
address	地址
code	编码
area	区域
map	热点区域声明
img	图片标签

start　　　　　　开始
type　　　　　　类型

一、选择题

1. 网页中图片使用的格式不包括（　　）。
   A．GIF　　　　　B．JPEG　　　　C．BMP　　　　D．PSD
2. 将图片定义为客户端图像映射的属性是（　　）。
   A．ismap　　　　B．width　　　　C．usemap　　　D．height
3. figure 标签（　　）版本的浏览器不支持。
   A．IE8　　　　　B．Chrome　　　　C．IE 11　　　　D．Firefox
4. <area>标签使用时需要和（　　）标签一起使用。
   A．<img>　　　　B．<map>　　　　C．<figure>　　　D．<meta>
5. background-position 默认的位置是（　　）。
   A．左上角　　　　B．右下角　　　　C．左下角　　　　D．右下角

二、上机题

充分利用本项目所讲内容，发挥自己的想象能力，制作出一页漂亮的图片网页。

要求：利用本项目的学习制作出合理的布局，并体现所学的插入图片的知识。

项目 4　小快鱼旗舰店主界面设计

通过实现小快鱼旗舰店主界面的设计，学习列表标签的使用和表格的创建等技术。在项目实现过程中：

- 掌握列表标签的属性和样式的使用方法
- 掌握表格的创建和属性的使用方法
- 掌握 CSS3 新增属性的使用方法

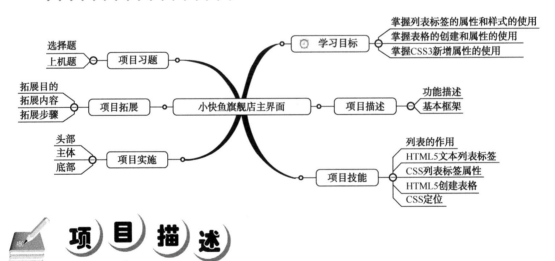

【情境导入】

随着在线购物的兴起，各相关购物网站越来越多，这些网站都有一个特性：包含某种形式的列表，如活动列表、商品列表、链接列表等，列表能够方便设计者对相关的元素进行分组。本项目主要是实现小快鱼旗舰店主界面的设计。

项目 4 小快鱼旗舰店主界面设计

【功能描述】

- 头部包括小快鱼旗舰店的标题、商家的联系方式
- 主体包括搜索引擎框、商品列表
- 底部包括本站点的版权信息

【基本框架】

基本框架如图 4.1 所示,通过本项目的学习,能将框架图 4.1 转换成效果图 4.2。

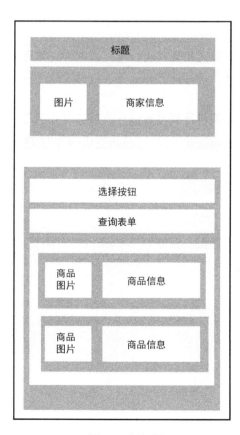

图 4.1 框架图

图 4.2 效果图

4.1 列表的作用

列表是 Web 网页中重要元素组成之一，通过对列表的修饰（即 CSS 样式的修饰）可以达到用户需求的效果。

在早期的表格式布局中列表起着关键性作用，每个表格由多行多列的单元格组成，当列表头部为图像时，需要在原有基础上添加新的表格，这种表格布局有可能会随着网页宽度的大小发生改变。

4.2 HTML5 文本列表标签

使用文本列表可以有序地排列信息资源，使其结构化和条理化，浏览者能快速地获取想要的信息。

1. ul（无序列表）

无序列表类似于 Word 中的项目符号，无序列表项目排列没有顺序，以符号作为子项的标识，使用了一组<ul></ul>标签，该标签中包含多组<li></li>元素，其中每组均为一个列表。

使用无序列表实现文本排列的效果如图 4.3 所示。

图 4.3　无序列表的应用效果

项目 4　小快鱼旗舰店主界面设计

为了实现图 4.3 的效果，新建 CORE0401.html，代码如 CORE0401 所示。

```
//代码 CORE0401：无序列表的应用
<!doctype html>
<html>
<head>
<meta charset="utf-8">
<meta content="width=device-width, initial-scale=1.0, minimum-scale=1.0, maximum-scale=1.0,user-scalable=no" name="viewport" />
<meta name="format-detection" content="telephone=no"/>
<meta name="apple-mobile-web-app-status-bar-style"  />
<title>无序列表的使用</title>
</head>

<body>
<h1>小快鱼旗舰店主页面的设计</h1>
<ul>
    <li>学习目标</li>
    <li>任务描述
        <ul>
            <li>开发环境</li>
            <li>功能描述</li>
        </ul>
    </li>
    <li>基本框架</li>
    <li>效果图设计</li>
</ul>
</body>
</html>
```

2．ol（有序列表）

有序列表类似于 Word 中的编号，有序列表子项可以为数字、字母等，可使用一组 <ol></ol> 标签，该标签中包含多组<li></li>元素，其中每组均为一个列表。使用有序列表的效果如图 4.4 所示。

图 4.4　有序列表的使用效果

为了实现图 4.4 的效果，新建 CORE0402.html，代码如 CORE0402 所示。

```
//代码 CORE0402：有序列表的应用
<!doctype html>
<html>
<head>
<meta charset="utf-8">
<meta content="width=device-width, initial-scale=1.0, minimum-scale=1.0, maximum-scale=1.0,user-scalable=no" name="viewport" />
<meta name="format-detection" content="telephone=no"/>
<meta name="apple-mobile-web-app-status-bar-style"  />
<title>有序列表的应用</title>
</head>
<body>
<h1>小快鱼旗舰店主页面的设计</h1>
<ol>
    <li>学习目标</li>
    <li>任务描述
        <ol>
            <li>开发环境</li>
            <li>功能描述</li>
        </ol>
    </li>
    <li>基本框架</li>
    <li>效果图设计</li>
</ol>
</body>
</html>
```

3. dt（定义列表）

定义列表由自定义列表和自定义列表项组成，自定义列表以<dl>标签（Definition Lists）开始，每个自定义列表项以<dt>（Definition Title）开始，每个自定义列表项的定义以<dd>（Definition Description）开始。使用定义列表的效果如图 4.5 所示。

图 4.5　定义列表的使用效果

为了实现图 4.5 的效果，新建 CORE0403.html，代码如 CORE0403 所示。

```
//代码 CORE0403:定义列表的应用
<!doctype html>
<html>
<head>
<meta charset="utf-8">
<meta content="width=device-width, initial-scale=1.0, minimum-scale=1.0,
maximum-scale=1.0,user-scalable=no" name="viewport" />
<meta name="format-detection" content="telephone=no">
<meta name="apple-mobile-web-app-status-bar-style"  />
<title>定义列表的应用</title>
</head>
<body>
<h1>小快鱼旗舰店主页面的设计</h1>
<dl>
    <dt>功能描述</dt>
    <dd>头部包括小快鱼旗舰店的标题，商家的联系方式</dd>
    <dd>中间包括搜索引擎框，商品列表</dd>
    <dd>底部包括本站点的版权信息</dd>
</dl>
</body>
</html>
```

> 📖 **拓 展**
>
> 若想了解列表的其他属性，如<menu>< command >，可扫描图中的二维码，会有想不到的惊喜哦！

4.3 CSS 列表标签属性

在网页中添加列表后，还需要设置列表属性以达到美化的效果，列表的属性如表 4.1 所示。

表 4.1 列表的属性

属　　性	描　　述
list-style	简写属性，用于把所有列表属性设置在一个声明中
list-style-image	将图像设置为列表项标志
list-style-position	设置列表中列表项标志的位置
list-style-type	设置列表项标志的类型

1. list-style-image 属性

list-style-image 属性用于定义列表前所使用的图片，所有浏览器都支持这个属性。使用 list-style-image 属性的效果如图 4.6 所示。

图 4.6 list-style-image 属性效果图

为了实现图 4.6 的效果,新建 CORE0404.html,代码如 CORE0404 所示。

```html
//代码 CORE0404:list-style-image 属性的应用
<!doctype html>
<html>
<head>
<meta charset="utf-8">
<meta content="width=device-width, initial-scale=1.0, minimum-scale=1.0, maximum-scale=1.0,user-scalable=no" name="viewport" />
<meta name="format-detection" content="telephone=no"/>
<meta name="apple-mobile-web-app-status-bar-style"  />
<title> list-style-image 属性应用</title>
<style>
.image{
    list-style-image:url(1.png);}
</style>
</head>
<body>
    <h4>list-type-image</h4>
    <ul class="image">
        <li>头部包括小快鱼旗舰店的标题,商家的联系方式</li>
        <li>中间包括搜索引擎框,商品列表</li>
        <li>底部包括本站点的版权信息</li>
    </ul>
</body>
</html>
```

2. list-style-position 属性

list-style-position 属性用于显示列表中列表项的位置，其取值为 outside（列表项目在文本以外）、inside（列表项目在文本以内，环绕文本对齐）。使用 list-style-position 属性的效果如图 4.7 所示。

图 4.7　list-style-position 属性效果图

为了实现图 4.7 的效果，新建 CORE0405.html，代码如 CORE0405 所示。

```
//代码CORE0405:list-style-position 属性的应用
<!doctype html>
<html>
<head>
<meta charset="utf-8">
<meta content="width=device-width, initial-scale=1.0, minimum-scale=1.0,
maximum-scale=1.0,user-scalable=no" name="viewport" />
<meta name="format-detection" content="telephone=no"/>
<meta name="apple-mobile-web-app-status-bar-style"  />

<title> list-style-image 属性应用</title>
<style>
.inside{
    list-style-position:inside;}     /*列表项目在文本以外*/
.outside{
    list-style-position:outside;}    /*列表项目在文本以内*/
</style>
</head>
<body>
    <h4>list-style-position:inside</h4>
      <ul class="inside">
        <li>头部包括小快鱼旗舰店的标题</li>
```

```
            <li>中间包括搜索引擎框，商品列表</li>
            <li>底部包括本站点的版权信息</li>
        </ul>
    <h4>list-style-position:outside</h4>
    <ul class="ouside">
            <li>头部包括小快鱼旗舰店的标题</li>
            <li>中间包括搜索引擎框，商品列表</li>
            <li>底部包括本站点的版权信息</li>
    </ul>
</body>
</html>
```

3. list-style-type 属性

list-style-type 为列表显示类型，有 9 种常见属性值，如表 4.2 所示。

表 4.2 list-style-type 属性

值	描述
disc	默认值。实心圆
circle	空心圆
square	实心方块
decimal	阿拉伯数字
lower-roman	小写罗马数字
upper-roman	大写罗马数字
lower-alpha	小写英文字母
upper-alpha	大写英文字母
None	不使用项目符号

使用 list-style-type 的效果如图 4.8 所示。

图 4.8 list-type-type 的应用效果图

为了实现图 4.8 的效果，新建 CORE0406.html，代码如 CORE0406 所示。

```
//代码 CORE0406:list-style-type 属性的应用
<!doctype html>
<html>
<head>
<meta charset="utf-8">
<meta content="width=device-width, initial-scale=1.0, minimum-scale=1.0, maximum-scale=1.0,user-scalable=no" name="viewport" />
<meta name="format-detection" content="telephone=no"/>
<meta name="apple-mobile-web-app-status-bar-style"  />
<body>
  <title> list-style-type 属性应用</title>
<style>
ul.none {list-style-type: none}
ul.disc {list-style-type: disc}
ul.circle {list-style-type: circle}
ul.square {list-style-type: square}
</style>
</head>
<body>
    <ul class="none">
        <li>头部包括小快鱼旗舰店的标题</li>
        <li>中间包括搜索引擎框，商品列表</li>
        <li>底部包括本站点的版权信息</li>
    </ul>
    <ul class="disc">
        <li>头部包括小快鱼旗舰店的标题</li>
        <li>中间包括搜索引擎框，商品列表</li>
        <li>底部包括本站点的版权信息</li>
    </ul>
    <ul class="circle">
        <li>头部包括小快鱼旗舰店的标题</li>
        <li>中间包括搜索引擎框，商品列表</li>
        <li>底部包括本站点的版权信息</li>
    </ul>
    <ul class="square">
        <li>头部包括小快鱼旗舰店的标题</li>
        <li>中间包括搜索引擎框，商品列表</li>
        <li>底部包括本站点的版权信息</li>
    </ul>
</body>
</html>
```

4.4 HTML5 创建表格

1．表格的基本结构

使用表格显示数据可以更直观、更清楚。表格一般由行、列和单元格组成。

HTML 中表格标记如下。

<table>：用于标记一个表格对象的开始和结束，一个表格中只允许出现一对<table>标记。在 HTML5 中不再支持它的任何属性。

<tr>：用于标记表格一行的开始和结束，表格内有多少对<tr></tr>标记，就代表表格有多少行。HTML5 中不再支持它的任何属性。

<td>：用于标记表格某行中的一个单元格的开始和结束。<td></td>标记写在<tr></tr>标记内，一对<tr></tr>标记中有多少对<td></td>，就表示该行有多少个单元格。在 HTML5 中仅有 colspan 和 rowspan 两个属性。创建一个两行三列的表格的效果如图 4.9 所示。

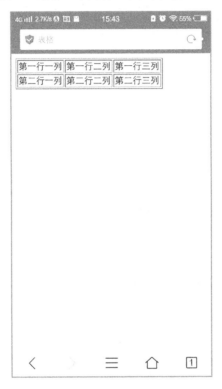

图 4.9 两行三列的表格效果图

为了实现图 4.9 的效果，新建 CORE0407.html，代码如 CORE0407 所示。

```
//代码 CORE0407:表格应用案例
<!doctype html>
<html>
<head>
<meta charset="utf-8">
<meta content="width=device-width, initial-scale=1.0, minimum-scale=1.0, maximum-scale=1.0,user-scalable=no" name="viewport" />
<meta name="format-detection" content="telephone=no"/>
<meta name="apple-mobile-web-app-status-bar-style" />
<body>
 <title>表格</title>
</head>
<body>
<table border="1">
    <tr>
        <td>第一行一列</td>
        <td>第一行二列</td>
        <td>第一行三列</td>
    </tr>
```

```
        <tr>
            <td>第二行一列</td>
            <td>第二行二列</td>
            <td>第二行三列</td>
        </tr>
    </table>
```

2. 定义表格的表头单元格

表格中常见的表头单元格分为垂直和水平两种。创建垂直和水平的表头单元格的表格效果如图 4.10 所示。

图 4.10 定义表格表头

为了实现图 4.10 的效果，新建 CORE0408.html，代码如 CORE0408 所示。

```
//代码 CORE0408:表格表头应用案例
<!doctype html>
<html>
<head>
<meta charset="utf-8">
<meta content="width=device-width, initial-scale=1.0, minimum-scale=1.0,
maximum-scale=1.0,user-scalable=no" name="viewport" />
<meta name="format-detection" content="telephone=no"/>
<meta name="apple-mobile-web-app-status-bar-style"  />
<body>
<title>表格表头应用案例</title>
</head>
<body>
<table border="1">
    <caption>水平表头</caption>
    <tr>
        <th>姓名</th>
```

```
            <th>年龄</th>
            <th>地址</th>
    </tr>
    <tr>
            <td>小童</td>
            <td>5</td>
            <td>天津市</td>
    </tr>
</table>
<table border="1" bgcolor="#FFFF00">
    <caption>垂直表头</caption>
    <tr>
    <th>姓名</th>
    <td>小花</td>
    </tr>
    <tr>
    <th>年龄</th>
    <td>20</td>
    </tr>
</table>
</body>
</html>
```

3. 合并单元格

在 HTML 中合并单元格的方式有上下合并单元格、左右合并单元格两种，合并单元格只需要使用 td 标记的两个属性，即 colspan 和 rowspan。

（1）使用 colspan 进行左右合并，格式如下：

```
<td colspan="数值">单元格内容</td>
```

其中，colspan 属性的取值为数值型整数，代表几个单元格进行左右合并。

（2）使用 rowspan 进行上下合并，格式如下：

```
<td rowspan="数值">单元格内容</td>
```

其中，rowspan 属性的取值为数值型整数，代表几个单元格进行上下合并。

合并单元格的效果如图 4.11 所示。

图 4.11　合并单元格

为了实现图 4.11 的效果，新建 CORE0409.html，代码如 CORE0409 所示。

```html
//代码 CORE0409:合并单元格的应用
<!doctype html>
<html>
<head>
<meta charset="utf-8">
<meta content="width=device-width, initial-scale=1.0, minimum-scale=1.0, maximum-scale=1.0,user-scalable=no" name="viewport" />
<meta name="format-detection" content="telephone=no" />
<meta name="apple-mobile-web-app-status-bar-style"  />
<body>
<title>表格合并单元格应用</title>
</head>
<body>
<p>单元格左右合并</p>
<table border="1">
<tr>
<td colspan="2">A1B1</td>
</tr>
<tr>
<td>A2</td>
<td>B2</td>
</tr>
<tr>
<td>A3</td>
<td>B3</td>
</tr>
</table>
<P>单元格上下合并</P>
<table border="1">
<tr>
<td rowspan="2">A1</td>
<td>B1</td>
</tr>
<tr>
<td>B2</td>
</tr>
</table>
</body>
</html>
```

4.5 CSS 定位

CSS 定位属性允许用户为一个元素定位，也可以将一个元素放在另一个元素后面，并指定一个元素的内容太大时，应该发生什么。元素可以使用顶部、底部、左侧和右侧属性定位。然而，这些属性无法工作，除非预先设定了 position 属性。position 属性如表 4.3 所示。

表 4.3 position 属性

属　　性	描　　述
relative	相对定位，定位的起始位置为此元素原先在文档流中的位置

续表

属　性	描　述
absolute	绝对定位，定位的起始位置为最近的父元素(position 不为 static)，否则为 body 文档本身
fixed	固定定位，类似于 absolute，但不随着滚动条的移动而改变位置
static	默认值；默认布局

1. relative 属性

relative 属性为相对定位，脱离了文档流的布局，但还在文档流原先的位置遗留了空白区域。其定位的起始位置为此元素原先在文档流中的位置。relative 属性的应用效果如图 4.12 所示。

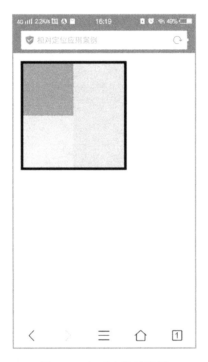

图 4.12　相对定位效果图

为了实现图 4.12 的效果，新建 CORE0410.html，代码如 CORE0410 所示。

```
//代码 CORE0410:相对定位应用案例
<!doctype html>
<html>
<head>
<meta charset="utf-8">
<meta content="width=device-width, initial-scale=1.0, minimum-scale=1.0, maximum-scale=1.0,user-scalable=no" name="viewport" />
<meta name="format-detection" content="telephone=no"/>
<meta name="apple-mobile-web-app-status-bar-style"  />
<body>
<title>相对定位应用案例</title>
<style type="text/css">
    html body
```

```
        {
            margin: 0px;/*外边距为0px*/
            padding: 0px;/*内边距为0px*/
        }
        #parent
        {
            width: 200px;
            height: 200px;
            border: solid 5px black;/*边框宽度为5px、实线、黑色*/
            padding: 0px;/*内边距为0px*/
            position: relative;/*相对定位*/
            background-color:#CCC;/*背景颜色为灰色*/
            top: 15px;
            left: 15px;
        }
        #sub1
        {
            width: 100px;
            height: 100px;
            background-color:#0F0;/*背景颜色为绿色*/
        }
        #sub2
        {
            width: 100px;
            height: 100px;
            background-color:#FF0;/*背景颜色为黄色*/
        }
    </style>
</head>
<body>
    <div id="parent">
        <div id="sub1">
        </div>
        <div id="sub2">
        </div>
    </div>
</body>
</html>
```

修改 Div Sub1 的样式，如 CORE0411 所示。

```
//代码CORE0411:Div Sub1 的样式
#sub1
        {
            width: 100px;
            height: 100px;
            background-color:#0F0;/*背景颜色为绿色*/
            position: relative; /*相对定位*/
            top: 15px;
            left: 15px;
        }
```

结果如图 4.13 所示。可以发现 Sub1 进行了偏移，并不影响 Sub2 的位置，同时遮盖了 Sub2，切记偏移并不是相对于 Div Parent 的，而是相对于 Sub1 原有位置的。

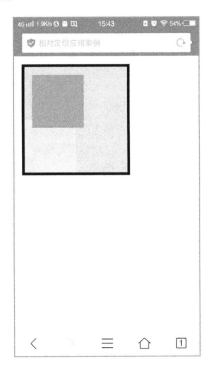

图 4.13　Sub1 属性更改后

2．absolute 属性

absolute 属性用于绝对定位，脱离了文档流的布局，遗留下来的空间由后面的元素填充。其定位的起始位置为最近的父元素（position 不为 static），否则为 body 文档本身。absolute 属性应用的效果如图 4.14 所示。

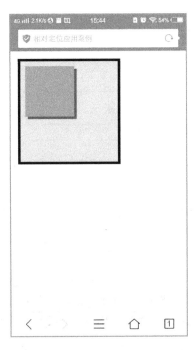

图 4.14　absolute 属性应用效果图

为了实现图 4.14 的效果，新建 CORE0412.html，代码如 CORE0412 所示。

```html
//代码 CORE0412:绝对定位应用案例
<!doctype html>
<html>
<head>
<meta charset="utf-8">
<meta content="width=device-width, initial-scale=1.0, minimum-scale=1.0, maximum-scale=1.0,user-scalable=no" name="viewport" />
<meta name="format-detection" content="telephone=no"/>
<meta name="apple-mobile-web-app-status-bar-style"  />
<body>
<title>绝对定位应用案例</title>
<style type="text/css">
    html body
    {
        margin: 0px;/*外边距为0px*/
        padding: 0px;/*内边距为0px*/
    }
    #parent
    {
        width: 200px;
        height: 200px;
        border: solid 5px black;/*边框宽度为5px、实线、黑色*/
        padding: 0px;/*内边距为0px*/
        position: relative;/*相对定位*/
        background-color:#CCC;/*背景颜色为灰色*/
        top: 15px;
        left: 15px;
    }
    #sub1
    {
        width: 100px;
        height: 100px;
        background-color:#06F;
        position: absolute;/*绝对位置*/
        top: 15px;/*上边距15px*/
        left: 15px;/*左边距15px*/
    }
    #sub2
    {
        width: 100px;
        height: 100px;
        background-color:#0F0;
        position: absolute;
        top: 10px;
        left: 10px;
    }
</style>
</head>
<body>
    <div id="parent">
        <div id="sub1">
        </div>
        <div id="sub2">
        </div>
    </div>
```

```
        </body>
</html>
```

若想了解 CSS3.0 中设置屏幕尺寸和引入文字属性的相关知识，可扫描图中的二维码，获取更多信息。

通过下面八个步骤的操作，实现图 4.2 所示的小快鱼旗舰店主界面的设计。

第一步：打开 Dreamweaver CS6 软件，新建 CORE0413.html 文件。

第二步：新建 demo.css 文件，通过外联方式引入到 HTML 文件中。

第三步：在<head>中添加<meta>标签，使网页适应手机屏幕宽度，代码如 CORE0413 所示。

```
//代码 CORE0413：<meta>标签
    <meta content="width=device-width, initial-scale=1.0, minimum-scale=1.0,
maximum-scale=1.0,user-scalable=no" name="viewport" />
    <meta name="format-detection" content="telephone=no"/>
    <meta name="apple-mobile-web-app-status-bar-style"  />
```

第四步：头部制作。

头部样式分为两部分：小快鱼旗舰店标题，商家的联系方式。其中，商家的联系方式包括商家店铺的图标、商家好评率、信用等级、联系卖家以及收藏商铺等信息。小快鱼旗舰店标题使用<em>标签，插入标题代码 CORE0414 如下，效果如图 4.15 所示。

```
//代码 CORE0414：头部标题 HTML 代码
<header class="scope base-box-css">
        <em>商铺全部商品</em>
 </header>
```

清除公共样式，并设置头部样式，代码 CORE0415 如下所示，效果如图 4.16 所示。

图 4.15　头部设置样式前

图 4.16　头部设置样式后

```
//代码CORE0415:头部标题CSS样式
@charset "utf-8";
*{margin:0; padding:0; border:none;}
body{font-family:'宋体',MicrosofYaHei,Tahoma,Arial,sans-serif; color:#555;
background-color:#F7F7F7;}
header{
    height:3.12rem;/*高度为3.12rem，rem为根元素的字体大小的单位*/
    background-color:#328FE1;/*背景颜色为蓝色*/
    color:#fff;/*字体为白色*/
    font-size:1.2rem; /*字体大小*/
    line-height:3.12rem; /*行距大小*/
    text-align:center;/*文字居中*/
    position:relative;/*相对定位*/
    border-bottom:1px solid #1A76CB; /*底边框大小*/}
header em{
    text-shadow:0 0 1px #1978cc;/*字体阴影*/}
.scope{
    min-width:320px; /*最小宽度*/
    max-width:540px;/*最大宽度*/
    }
.base-box-css{
    width:100%;
    overflow:hidden;
    }
```

头部标题设置完成后开始设置商家的联系方式、好评率等。需要用到的标签有<img>、<em>和<a>。代码CORE0416如下所示，效果如图4.17所示。

```
//代码CORE0416:商铺信息HTML代码
<!--商铺信息 -->
 <section class="scope base-box-css storeInfo">
    <div class="storeUp">
       <h2><img src="images/fspbm2_430x270_00.jpg" /></h2>
       <div class="storeRigBox">
          <div class="nameBox">
             <div class="storeName">小快鱼旗舰店</div>
          </div>
          <div class="storeAdress">商家好评率：<em>89%</em>     信用等级：
<em>8</em></div>
          <div class="buttonTeam">
             <div class="enterButton"><a href="">联系卖家</a></div>
             <div class="contButton"><a href="javascript:void(0);">收藏商
铺</a></div>
          </div>
       </div>
    </div>
 </section>
```

设置商铺信息的样式，代码CORE0417如下所示，效果如图4.18所示。

HTML5+CSS3项目开发实战

图 4.17　商铺信息设置样式前　　　　图 4.18　商铺信息设置样式后

```
//代码 CORE0417:商铺信息 CSS 代码
/* 商铺信息 */
.storeInfo {
    height: auto;
    border-bottom: 1px solid #DBDBDB;  /*底边框1px、实线、灰色 */
    background-color: #fff;/*背景颜色为白色*/
    padding: 0.8rem 0.8rem 0.4rem;/*内边距*/
    box-sizing: border-box;/*元素设定的宽度和高度决定了元素的边框盒*/ }
.storeInfo .storeUp {
    width: 100%;
    overflow: hidden;  /*隐藏溢出*/}
.storeInfo .storeUp h2, .storeInfo .storeUp .storeRigBox {
    float: left;/*左浮动*/
    height: 100%;
    overflow: hidden;/*隐藏溢出*/ }
.storeInfo .storeUp h2 {
    width: 22%;/*宽度为22%*/ }
.storeInfo .storeUp h2 img {
    display: block;  /*显示方式为块*/
    width: 100%;
    height: auto;/*高度自动设置*/
    overflow: hidden;/*隐藏溢出*/
    border: 1px solid #DBDBDB;  /*底边框1px、实线、灰色 */
    box-sizing: border-box;/*元素设定的宽度和高度决定了元素的边框盒*/ }
.storeInfo .storeUp .storeRigBox {
    width: 78%;
    padding-left: 1rem;/*左边距为1rem*/
    box-sizing: border-box; }
.storeInfo .storeUp .storeRigBox .nameBox {
    width: 100%;
    height: 1.52rem; }
```

```css
.storeInfo .storeUp .storeRigBox .nameBox .storeName {
    float: left;
    width: 85%;
    height: 1.52rem;
    font-size: 0.8rem;
    color: #000;
    overflow: hidden;
    text-overflow: ellipsis; /*对象内文本溢出时显示省略标记*/
    white-space: nowrap; /*段落中的文本不进行换行*/
.storeInfo .storeUp .storeRigBox .storeAdress {
    width: 100%;
    height: 1.12rem;
    font-size: 0.72rem;
    line-height: 1.12rem;
    overflow: hidden;
    text-overflow: ellipsis;
    white-space: nowrap; }
.storeInfo .storeUp .storeRigBox .storeAdress em {
    color: #328FE1; }
.storeInfo .storeUp .storeRigBox .buttonTeam {
    width: 100%;
    padding-top: 0.38rem;
    box-sizing: border-box; }
.storeInfo .storeUp .storeRigBox .buttonTeam .enterButton,
.storeInfo .storeUp .storeRigBox .buttonTeam .contButton {
    width: 4.8rem;
    height: 1.4rem;
    background-color: #328FE1;
    border-radius: 3px;
    text-align: center;
    float: left;
    cursor: pointer; }
.storeInfo .storeUp .storeRigBox .buttonTeam .enterButton {
    margin-right: 1.5rem; }
.storeInfo .storeUp .storeRigBox .buttonTeam a {
    display: block;
    width: 100%;
    height: 100%;
    line-height: 1.4rem;
    font-size: 0.72rem;
    color: #fff; }
/* 设置文字大小 */
@media (max-width:399px){
html{font-size: 15px;}
}
@media (min-width: 400px) and (max-width:480px){
html{font-size: 20px;}
}
@media (min-width: 481px){
html{font-size: 25px;}
}
```

此时，头部已设计完成。

第五步：搜索引擎框的制作。

搜索引擎框使用<input>标签设置（具体用法参见项目5），代码CORE0418如下，效果如图4.19所示。

```
//代码 CORE0418：搜索引擎框 HTML 代码
<!-- 筛选操作栏 -->
<ul class="scope order-area">
  <li class="show">查询</li>
  <li>筛选</li>
  <li>所属通道</li>
  <li class="goPic JqIcon"></li>
</ul>
  <div class="scope base-box-css searchBox">
    <div class="searchIn">
      <input type="text" class="searchInput" />
      <div class="searchBtn">查询</div>
    </div>
  </div>
```

设置搜索引擎框的样式，代码 CORE0419 如下，效果如图 4.20 所示。

```
//代码 CORE0419：搜索引擎框设置样式
/* 筛选操作栏 */
li{
   list-style:none;}
.order-area {
   height: 3.12rem;
   background-color: #FFF;
   font-size: 0.88rem;
   border-top: 1px solid #dbdbdb;
   border-bottom: 1px solid #dbdbdb;
   margin-top: 0.6rem;
   width: 100%; }
.order-area li {
   float: left;
   height: 100%;
   line-height: 3.12rem;
   padding-left: 1.8rem;
   box-sizing: border-box;
   width: 28%;
   cursor: pointer;
   position: relative; }
.order-area li:before {
   display: none;
   position: absolute;
   content: "";
   width: 0.4rem;
   height: 0.4rem;
   -webkit-transform: rotate(225deg);
   -moz-transform: rotate(225deg);
   -ms-transform: rotate(225deg);
   -o-transform: rotate(225deg);
   transform: rotate(225deg);
   background: #fff;
   border-top: #dbdbdb 1px solid;
   border-left: #dbdbdb 1px solid;
   bottom: -0.24rem;
   left: 50%;
   margin-left: -0.2rem;
   z-index: 10; }
.order-area li.show:before {
```

```css
    display: block; }
.order-area li:nth-child(4) {
    width: 12%;
    float: right;
    position: static; }
.goPic {
    background: url(../images/pic.png) no-repeat center center;
    background-size: 0.84rem 0.84rem; }
.goList {
    background: url(../images/list.png) no-repeat center center;
    background-size: 1rem 0.72rem; }
.order-area li:nth-child(1) {
    background: url(../images/searchIcon.png) no-repeat 0.48rem center;
    width: 20%;
    background-size: 0.96rem 0.96rem; }
/* 搜索区域 */
.searchBox {
    padding: 0 0.6rem;
    margin: 0.8rem 0;
    height: 2.4rem;
    box-sizing: border-box; }
.searchBox .searchIn {
    border: 1px solid #dbdbdb;
    box-sizing: border-box;
    width: 100%;
    height: 100%;
    background-color: #fff; }
.searchBox .searchIn .searchInput {
    float: left;
    width: 84%;
    height: 100%;
    color: #555;
    font-size: 0.8rem;
    padding-left: 0.2rem;
    box-sizing: border-box; }
.searchBox .searchIn .searchBtn {
    float: right;
    width: 16%;
    height: 100%;
    font-size: 0.8rem;
    color: #555;
    text-align: center;
    line-height: 2.32rem;
    cursor: pointer; }
```

图 4.19 搜索引擎框设置样式前

图 4.20 搜索引擎框设置样式后

第六步：商品列表的制作。

商品列表的制作用到了本项目所学的有序列表、无序列表，使用了<ul>标签，代码CORE0420如下，效果如图4.21所示。

```
//代码CORE0420：商品列表HTML代码
<!-- 显示列表 -->
  <section class="scope base-box-css listBox">
    <!-- 商品信息 -->
    <section class="scope base-box-css goodsInfo">
      <div class="goodsIn">
        <div class="goodsLeft"><a href=""><img src="images/TB1D.jpg"/></a></div>
        <div class="goodsRig">
          <div class="goodsName"><a href="">Kingston/金士顿 SM2280S3/120G M.2 2280 SSD笔记本固态硬盘 </a></div>
          <div class="goodsPrice">￥128.00</div>
          <div class="removeArea">
            <div class="removeText">所属通道：淘宝商城</div>
          </div>
        </div>
      </div>
    </section>
```

第七步：商品列表的制作使用了CSS样式，代码CORE0421如下，效果如图4.22所示。

```
//代码CORE0421：商品列表样式
/* 商品信息 */
.listBox .goodsInfo:nth-child(1) {
  border-top: 1px solid #dbdbdb; }
.goodsInfo {
  border-bottom: 1px solid #dbdbdb;
  padding: 0.8rem 0.4rem;
  box-sizing: border-box;
  background-color: #fff; }
.goodsInfo .goodsIn {
  width: 100%;
  height: 100%; }
.goodsInfo .goodsIn .goodsLeft {
  width: 28.8%;
  height: 100%;
  float: left; }
.goodsInfo .goodsIn .goodsLeft img {
  display: block;
  width: 100%;
  height: auto;
  overflow: hidden; }
.goodsInfo .goodsIn .goodsRig {
  width: 71.2%;
  height: 100%;
  float: left;
  padding-left: 0.8rem;
  box-sizing: border-box; }
.goodsInfo .goodsIn .goodsRig .goodsName {
  width: 100%;
  height: 2.8rem;
  font-size: 0.72rem;
  line-height: 150%;
```

```css
  overflow: hidden; }
.goodsInfo .goodsIn .goodsRig .goodsName a {
  color: #555; }
.goodsInfo .goodsIn .goodsRig .goodsPrice {
  width: 100%;
  height: 1.5rem;
  font-size: 0.8rem;
  color: #000; }
.goodsInfo .goodsIn .goodsRig .removeArea {
  width: 100%;
  height: 1.4rem;
  font-size: 0.72rem; }
.goodsInfo .goodsIn .goodsRig .removeArea .removeText {
  width: 70%;
  height: 100%;
  float: left;
  line-height: 1.4rem; }
.goodsInfo .goodsIn .goodsRig .removeArea .removeIcon {
  width: 1.6rem;
  height: 100%;
  float: right;
  background: url(../images/removeIcon.png) no-repeat center center;
  cursor: pointer;
  background-size: 0.88rem 1.04rem; }
.picBox {
  padding: 0 0.4rem;
  box-sizing: border-box;
  display: none; }
.goodsPicInfo {
  width: 47%;
  float: left;
  height: auto;
  margin: 0.6rem 2% 0;
  padding: 2px 2px 0;
  border: 1px solid #C5C5C5;
  background-color: #fff;
  color: #838383;
  font-size: 0.64rem;
  box-sizing: border-box;
  position: relative; }
.goodsPicInfo:nth-child(2n) {
  margin: 0.6rem 0 0!important; }
.picBox .picInfoTitle {
  margin-top: 0.2rem;
  padding: 0 0.3rem 0.5rem;
  box-sizing: border-box;
  min-height: 2.5rem;
  overflow: hidden;
  border-bottom: 1px solid #E1E1E1; }
.picBox .picInfoTitle a {
  font-size: 0.64rem;
  color: #000;
  line-height: 150%;
  overflow: hidden; }
.picInfoNum {
  height: 2rem;
  line-height: 2rem;
  padding: 0 0.3rem;
  box-sizing: border-box;
```

```
    overflow: hidden;
    color: #000; }
.picInfoSales {
    padding: 0 0.3rem;
    box-sizing: border-box;
    max-height: 2rem;
    line-height: 2rem; }
.picInfoType {
    padding: 0 0.3rem;
    box-sizing: border-box;
    max-height: 2rem;
    line-height: 2rem;
    height: 2rem; }
.closeButton {
    width: 1.64rem;
    height: 1.64rem;
    display: block;
    position: absolute;
    right: 3px;
    top: 3px;
    opacity: 1;
    z-index: 10;
    cursor: pointer; }
```

图 4.21　商品列表设置样式前　　图 4.22　商品列表设置样式后

第八步：底部本站点版权信息的制作。

版权信息内容为"Copyright © 2016 . All Rights Reserved
沪 ICP 备 天津"，并设置相应的样式，代码 CORE0422 如下，效果如图 4.2 所示。

```
//代码 CORE0422 ：底部版权信息样式
footer{
    font-size:0.72rem;
    text-align:center;
    line-height:150%;
    margin-top:0.4rem;
    padding-bottom:0.4rem;
```

```
font-family:"微软雅黑";
color:#000;}
```

至此,小快鱼旗舰店主界面制作完成。

 【拓展目的】

熟悉列表标签的属性和样式、表格的使用和属性。

 【拓展内容】

利用本项目介绍的技术和方法,制作出选用商品列表界面,效果如图 4.23 所示。

图 4.23 选用商品列表界面效果图

 【拓展步骤】

1. 设计思路

将网页分成两部分:头部为表题,主体部分为商品列表。

2. HTML 部分代码

HTML 部分代码 CORE0423 如下。

```
//代码 CORE0423:主要代码
<header class="header">
  <p class="header-title">选用商品列表 </p>
  <div class="left-head">
   <a id="goBack" href="javascript:history.go(-1);" class="tc_back">
     <span class="inset_shadow">
       <span class="header-return"></span>
     </span>
   </a>
  </div>
</header>
<section id="content">
 <table cellspacing="0">
  <tbody>
   <tr>
    <th>商品名称</th>
    <th>性能特点</th>
    <th>价格</th>
   </tr>
  </tbody>
 </table>
</section>
```

3. CSS 主要代码

CSS 主要代码 CORE0424 如下。

```
//代码 CORE0424:CSS 主要代码
table {
   overflow: hidden;
   border: 1px solid #d3d3d3;
   background: #fefefe;
   width: 90%;
   -moz-border-radius: 5px;
   /* FF1+ */
   -webkit-border-radius: 5px;
   /* Saf3-4 */
   border-radius: 5px;
   -moz-box-shadow: 0 0 4px rgba(0, 0, 0, 0.2);
   -webkit-box-shadow: 0 0 4px rgba(0, 0, 0, 0.2);
   margin-top: 5px;
   margin-right: auto;
   margin-bottom: 5px;
   margin-left: auto;
}
```

通过本项目的学习，掌握 HTML5 列表标签、CSS 列表属性、表格属性和定位属性等的使用方法，学会在网页中合理地使用列表、表格和 CSS 定位属性并展示其相关信息，学会应用列表、表格以及 CSS 定位设计商品信息展示网页的方法。

frame	画面、框架
horizontal	水平的
vertical	垂直的
order	命令
list	列表
type	类型
start	开始
define	定义
table	表格

一、选择题

1．<ul>默认的项目符号是（　　）。

　　A．空心圆　　　　　　B．实心圆　　　　　C．实心正方形　　　D．空心正方形

2．<dd>、<dt>、<dl>三个元素的关系是（　　）。

　　A．<dl>是<dd>的父元素，而<dd>是<dt>的父元素

　　B．<dl>是<dt>的父元素，而<dt>是<dd>的父元素

　　C．<dl>是<dd>和<dt>的父元素

　　D．<dl>是<dt>的父元素，<dl>表示自定义列表，<dt>表示列表项，而 HTML 中根本没有<dd>元素

3．CSS 列表标签中，（　　）属性可以设置列表的显示类型。

　　A．list-style-image　　　　　　　　B．list-style-position

　　C．list-style-type　　　　　　　　　D．list-style

4．HTML5 文本列表标签有（　　）。

　　A．无序列表　　　　B．有序列表　　　　C．定义列表　　　　D．以上都是

5．position 属性中属于相对定位的是（　　）。

　　A．relative　　　　B．absolute　　　　C．fixed　　　　　　D．static

二、上机题

使用无序列表实现水平导航和垂直导航。

项目 5
同城旅游用户注册界面设计

通过实现同城旅游用户注册界面，学习表单的类型及相关属性，以及掌握使用 CSS3 改变表单外观的技能，在项目实现过程中：
- 了解表单的概念
- 了解表单元素的类型和属性
- 掌握 CSS3 设置表单外观的方法

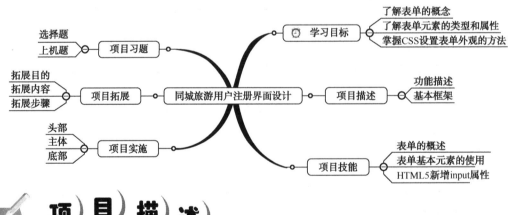

【情境导入】

随着网站对交互性的要求越来越高，表单成为现代 Web 应用程序的主要组成部分。表单通过收集来自用户的信息，并将信息发送给服务器端来实现网上注册、登录、交易等多种功能。本项目主要是实现同城旅游用户注册界面的设计。

【功能描述】

- 头部包括同城旅游的 Logo 和用户注册标题

项目 5　同城旅游用户注册界面设计

- 主体包括手机号码、登录密码、验证码文本框，注册和重置按钮
- 底部包括版权信息

【基本框架】

基本框架图如图 5.1 所示，通过本项目的学习，能将框架图 5.1 转换成效果图 5.2。

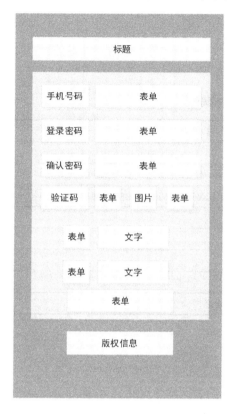

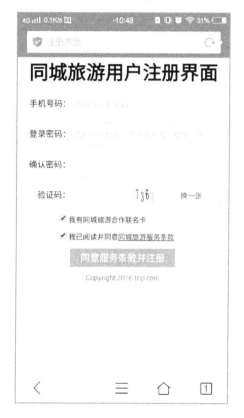

图 5.1　用户注册界面框架图　　　　图 5.2　用户注册界面效果图

5.1　表单的概述

1. 表单的介绍

表单的主要功能是收集信息。例如，在网上申请一个邮箱，需要按照该网站提供的样式填写信息，包括姓名、年龄、联系方式等个人信息。又如，在某论坛上发言，发言之前要申请资格，即填写一个表单网页。表单可以实现调查、订购、搜索等功能。

表单信息处理的过程：当单击表单提交按钮时，输入在表单中的信息就会上传到服务器中，然后由服务器中有关应用程序进行处理，处理后将用户提交的信息存储在服务器端的数

据库中，或者将有关信息返回到客户端浏览器中。

2．表单的语法和属性

表单主要用于收集网页上浏览者的相关信息，其标签为<form></form>，表单的基本语法格式如下：

```
<form name="name" method="method" action="url" enctype="value" target="target_win"> </form>
```

其中，autocomplete 和 novalidate 属性是 HTML5 中的新属性。<form>标签的属性如表 5.1 所示。

表 5.1 <form>标签属性

属　　性	描　　述
name	表单的名称
method	定义表单结果从浏览器传送到服务器的方法，一般有两种方法：get 和 post
action	用来定义表单处理程序（ASP、CGI 等程序）的位置（相对地址或绝对地址）
enctype	设置表单资料的编码方式
target	设置返回信息的显示方式
accept-charset	规定服务器可处理的表单数据字符集
autocomplete	规定是否启用表单的自动完成功能，有 on 和 off 两个值
novalidate	设置了该特性不会在表单提交之前对其进行验证

```
<form action="aa.asp" method="post" id="user-form">
姓名:<input type="text" name="fname">
< input type="submit">
</form>
```

上述代码定义了表单的 ID 为 user-form，表单的传递方式为 post，表单传递后的数据由 aa.asp 文件来处理。method 属性有 post 和 get 两个值，post 表示将所有表单元素的数据打包起来进行传递；get 表示需要将参数数据队列加到提交表单的 action 属性所指的 URL 中，值和表单内各个字段一一对应。<form>标签的 7 种标记如表 5.2 所示。

表 5.2 <form>的标记

标　　记	描　　述
<input>	定义输入域
<select>	定义一个选择列表
<option>	定义一个下拉列表中的选项
<textarea>	定义一个文本域（一个多行）的输入控件
<fieldset>	定义域
<legend>	定义域标题
<optgrounp>	定义选项组

5.2 表单基本元素的使用

表单元素中表单域的作用是让用户在表单中输入信息,如文本域、密码框、单选按钮、复选框、下拉列表等。

1. 单行文本输入框

单行文本输入框是一种允许用户输入和编辑文本的控件,HTML 描述为<input type="text">,单行文本输入框的常见属性及含义如表 5.3 所示。

表 5.3 单行文本框的属性及含义

属 性 值	含 义
id	标识一个单行文本框
name	单行文本框名称
value	单行文本框的初始值
size	单行文本框的长度
maxlength	在单行文本框中能够输入的最大的字符数

使用单行文本输入框的效果如图 5.3 所示。

图 5.3 单行文本输入框的应用

为了实现图 5.3 的效果,新建 CORE0501.html,代码如 CORE0501 所示。

```
//代码CORE0501:单行文本输入框的应用
<!doctype html>
<html>
<head>
<meta charset="utf-8">
<meta content="width=device-width, initial-scale=1.0, minimum-scale=1.0,maximum-scale=1.0,user-scalable=no" name="viewport" />
<meta name="format-detection" content="telephone=no"/>
<meta name="apple-mobile-web-app-status-bar-style"  />
<title>单行文本框的应用</title>
<style>
.form{
    width:100%;
    background-color:#CCC;
    text-align:center;
    }
input{
    width:70%;
    border:#00F 1px solid;}
</style>
</head>

<body>
<div class="form">
    <h2>用户注册</h2>
<form action="aa.asp" method="post" id="user-form">
        姓名:<input type="text" name="fname" size="20" maxleght="15" value="请输入您的姓名"><br>
        密码:<input type="text" name="fpassword" size="20" maxlength="20"><br>
        电话:<input type="text" name="ftelephone" size="20" maxlength="20">
    </form>
   </div>
  </body>
  </html>
```

2. 密码输入框

密码输入框是一种特殊的文本输入框,主要用于输入保密信息,在浏览器中显示为黑点或者其他符号,增强了文本输入框的安全性。使用密码框的效果如图5.4所示。

图 5.4 密码框的效果

为了实现图 5.4 的效果，新建 CORE0502.html，代码如 CORE0502 所示。

```
//代码 CORE0502:密码框的应用
<form action="aa.asp" method="post" id="user-form">
        姓 名 :<input type="text" name="fname" size="20" maxleght="15" value="请输入您的姓名"><br>
        密码:<input type="password" name="fpassword" size="20" maxlength="20"><br>
        电话:<input type="text" name="ftelephone" size="20" maxlength="20">
</form>
```

3. 多行文本输入框

多行文本输入框允许用户填写多行内容，HTML 代码为<textarea></textarea>，通过 HTML 的 cols 和 rows 属性或者 CSS 的 height 和 width 属性设置多行文本输入框的尺寸。多行文本输入框的属性如表 5.4 所示。

表 5.4 多行文本输入框的属性

属 性 值	描 述
cols	指定多行文本的可见的列数
rows	指定多行文本的可见的行数
name	指定多行文本框的名称
disable	在多行文本框中无效，无法填写
maxlength	在多行文本框中能够输入的最大字符数
wrap	virtual：实现文本区中的自动换行，但在传输数据时，文本只在用户按 Enter 键的地方进行换行，其他地方没有换行的效果。physical：实现文本区内的自动换行，并以文本框中的文本效果进行数据传递

使用多行文本输入框的效果如图 5.5 所示。

图 5.5 多行文本输入框的效果

为了实现图 5.5 的效果，新建 CORE0503.html，代码如 CORE0503 所示。

```html
//代码 CORE0503:多行文本输入框的效果
<!doctype html>
<html>
<head>
<meta charset="utf-8">
<meta content="width=device-width, initial-scale=1.0, minimum-scale=1.0, maximum-scale=1.0,user-scalable=no" name="viewport" />
<meta name="format-detection" content="telephone=no"/>
<meta name="apple-mobile-web-app-status-bar-style"  />
<title>多行文本框应用</title>
<style>
input{
    width:50%;
    border-radius:5px;}
#sub{
    width:50%;
    border:#00F 1px solid;
    height:20px;
    background-color:#00F;
    border-radius:5px;}
</style>
</head>
<body>
    <div class="form">
     <h2>调查问卷</h2>
    <form action="aa.asp" method="post" id="user-form">
    姓名:<input type="text" name="fname" size="20" maxleght="15" value="请输入您的姓名"><br>
        请输入你对本公司的了解<br>
         <textarea name="textknow" cols="40" rows="10">
          </textarea>
          <br>
    <input id="sub" type="submit" value="提交" >
    </form>
    </div>
</body>
</html>
```

4. 单选按钮

单选按钮主要控制网页浏览者在一组选项中选择一个选项。HTML 代码为<input type="radio">，单选按钮的常用属性如表 5.5 所示。

表 5.5　单选按钮的常用属性

属 性 值	含 义
name	单选按钮组的名称，同一组按钮有相同名称
value	单选按钮进行数据传递时的选项值
checked	默认选项

使用单选按钮的效果如图 5.6 所示。

项目 5　同城旅游用户注册界面设计

图 5.6　单选按钮的应用

为了实现图 5.6 的效果，新建 CORE0504.html，代码如 CORE0504 所示。

```
//代码 CORE0504:单选按钮的应用
<!doctype html>
<html>
<head>
<meta charset="utf-8">
<meta content="width=device-width, initial-scale=1.0, minimum-scale=1.0,
maximum-scale=1.0,user-scalable=no" name="viewport" />
<meta name="format-detection" content="telephone=no"/>
<meta name="apple-mobile-web-app-status-bar-style" />
<title>单选按钮的应用</title>
</head>
<body>
<div class="form">
    <h2>用户注册</h2>
<form action="aa.asp" method="post" id="user-form">
        姓名:<input type="text" name="fname" size="20" maxleght="15" value="请输入您的姓名"><br>
        密    码   :<input   type="password"   name="fpassword"   size="20" maxlength="20"><br>
        电   话   :<input    type="text"    name="ftelephone"   size="20" maxlength="20"><br>
        性别:<input type="radio" value="sex" name="sex" checked>男<input type="radio" value="sex" name="sex" >女
    </form>
 </div>
 </body>
 </html>
```

5. 复选框

复选框是网页浏览者在一组选项里可以同时选择多个选项的控件。HTML 代码为<input type="checkbox">。复选框的常用属性如表 5.6 所示。

表 5.6 复选框的属性

属 性 值	含 义
name	复选框组的名称，同一组按钮必须使用同一个名称
value	复选框进行数据传递时的选项值
checked	默认选项

使用复选框的应用效果如图 5.7 所示。

图 5.7 复选框的应用

为了实现图 5.7 的效果，新建 CORE0505.html，代码如 CORE0505 所示。

```
    //代码 CORE0505:复选框的应用
    <!doctype html>
    <html>
    <head>
    <meta charset="utf-8">
    <meta content="width=device-width, initial-scale=1.0, minimum-scale=1.0,
maximum-scale=1.0,user-scalable=no" name="viewport" />
    <meta name="format-detection" content="telephone=no"/>
    <meta name="apple-mobile-web-app-status-bar-style" />
    <title>复选框的应用</title>
```

```
</head>
<body>
  <form action="aa.asp" method="post" id="user-form">
      <p>你的兴趣爱好：</p>
      <input type="checkbox" name="hobby" value="hobby">唱歌
      <input type="checkbox" name="hobby" value="hobby">跳舞
      <input type="checkbox" name="hobby" value="hobby">绘画
      <input type="checkbox" name="hobby" value="hobby">打球
  </form>
</body>
</html>
```

6. 下拉选择框

下拉选择框是在有限的空间内设置多个选项的控件。在下拉列表框中有列表控件和选项控件，HTML 代码分别为<select>....</select>和<option>.....</option>。

下拉列表框和列表选项的常用属性及含义如表 5.7 和表 5.8 所示。

表 5.7 下拉列表框的常用属性及含义

属 性 值	含 义
name	下拉列表框名称
multiple	允许多选
size	size 属性规定了下拉列表中可见选项的数目。如果 size 属性的值大于 1，但是小于列表中选项的总数目，则浏览器会显示滚动条，表示可以查看更多选项

表 5.8 列表选项的常用属性及含义

属 性 值	含 义
name	选项名称
value	选项被选中后进行数据传递时的值
checked	默认选项

使用下拉选择框的效果如图 5.8 所示。

图 5.8 下拉选择框的效果

为了实现图 5.8 的效果，新建 CORE0506.html，代码如 CORE0506 所示。

```
//代码CORE0506:下拉选择框
<!doctype html>
<html>
<head>
<meta charset="utf-8">
<meta content="width=device-width, initial-scale=1.0, minimum-scale=1.0, maximum-scale=1.0,user-scalable=no" name="viewport" />
<meta name="format-detection" content="telephone=no"/>
<meta name="apple-mobile-web-app-status-bar-style"  />
<title>下拉选择框的应用</title>
</head>
<body>
 <form action="aa.asp" method="post" id="user-form">
    <label> 出生年月</label>
    <select name="select" >
       <option >2012</option>
       <option>2011</option>
       <option>2010</option>
       <option>2009</option>
       <option>2008</option>
       <option>2007</option>
       <option>2006</option>
       <option>2005</option>
       <option>2004</option>
       <option>2003</option>
    </select>
  </form>
</body>
</html>
```

实际应用中可能需要多选或者指定默认选项，实现图 5.9 所示的效果。

图 5.9　可多选下拉列表效果

为了实现图 5.9 的效果，新建 CORE0507.html，代码如 CORE0507 所示。

```
//代码 CORE0507:可多选下拉列表代码
<form action="aa.asp" method="post" id="user-form">
    <label> 出生年月</label>
    <select name="select" multiple="multiple" >
        <option >2012</option>
        <option selected="selected" value="1">2011</option>
        <option>2010</option>
        <option>2009</option>
        <option>2008</option>
        <option>2007</option>
        <option>2006</option>
        <option>2005</option>
        <option>2004</option>
        <option>2003</option>
    </select>
</form>
```

> 提示
>
> 可使用 Shift 键选择连续选项，或者使用 Ctrl 键选择特定选项。

7. 普通按钮

普通按钮是控制其他定义处理脚本工作的控件，HTML 代码为<input type="button" name=" "value=" " onClick= "">。普通按钮的常用属性和事件如表 5.9 所示。

表 5.9 普通按钮的常用属性和事件

属 性 值	事 件
name	普通按钮的名称
value	按钮上显示的文字
onmousedown	用户按下鼠标键时触发的事件
onmouseup	鼠标键抬起时触发的事件
onclick	单击按钮事件（包括鼠标键按下和抬起两个动作）

使用普通按钮的效果如图 5.10 所示。

图 5.10 普通按钮的效果

为了实现图 5.10 的效果，新建 CORE0508.html，代码如 CORE0508 所示。

```
//代码 CORE0508：单击按钮后的复制效果代码
<!doctype html>
<html>
<head>
<meta charset="utf-8">
<meta content="width=device-width, initial-scale=1.0, minimum-scale=1.0, maximum-scale=1.0,user-scalable=no" name="viewport" />
<meta name="format-detection" content="telephone=no"/>
<meta name="apple-mobile-web-app-status-bar-style"  />
<title>普通按钮</title>
</head>
<body>
    <form action="aa.asp" method="post" id="user-form">
        单击按钮，把文档 1 的内容复制到文档 2 中<br>
        文档 1：<input type="text" id="filed1" value="使用表单进行注册">
        <br>
        文档 2：<input type="text" id="filed2" >
        <br>
        <input type="button" name="" value="点 击 我 " onClick="document.getElementById('filed2').value=document.getElementById('filed1').value">
    </form>
</body>
</html>
```

8．提交按钮和重置按钮

提交按钮是将输入的信息提交到服务器中的控件。HTML 代码为<input type="submit" name="" value="">，重置按钮是重置表单中输入信息的控件。HTML 代码为<input type="reset" name="" value="">。使用提交按钮和重置按钮的效果如图 5.11 所示。

图 5.11　提交按钮和重置按钮的效果图

为了实现图 5.11 的效果，新建 CORE0509.html，代码如 CORE0509 所示。

```
//代码CORE0509:提交按钮和重置按钮代码
<!doctype html>
<html>
<head>
<meta charset="utf-8">
<meta content="width=device-width, initial-scale=1.0, minimum-scale=1.0, maximum-scale=1.0,user-scalable=no" name="viewport" />
<meta name="format-detection" content="telephone=no"/>
<meta name="apple-mobile-web-app-status-bar-style"  />
<title>提交按钮和重置按钮</title>
</head>
<body>
<div class="form">
    <h2>用户注册</h2>
<form action="aa.asp" method="post" id="user-form">
    姓名:<input type="text" name="fname" size="20" maxleght="15" value="请输入您的姓名"><br>
    密　码:<input type="password" name="fpassword" size="20" maxlength="20"><br>
    电　话:<input type="text" name="ftelephone" size="20" maxlength="20"><br>
    性别:<input type="radio" value="sex" name="sex" checked>男<input type="radio" value="sex" name="sex" >女
    <input type="submit" value="提交">
    <input type="reset" value="重置">
</form>
</div>
</body>
</html>
```

> 拓 展
>
> 扫描图中二维码，可以获取表单的 hidden 属性、表单的类型及案例的详细讲解。

5.3　HTML5 新增的 input 属性

除了上述基本属性外，HTML5 还有一些高级属性，包括 URL，E-mail、date、time、number、rang、required 等，对于这些高级属性，有些浏览器还不是很支持，浏览器对 HTML5 属性的支持程度如图 5.12 所示。

Input type	IE	Firefox	Opera	Chrome	Safari
email	No	4.0	9.0	10.0	No
url	No	4.0	9.0	10.0	No
number	No	No	9.0	7.0	No
range	No	No	9.0	4.0	4.0
Date pickers	No	No	9.0	10.0	No
search	No	4.0	11.0	10.0	No
color	No	No	11.0	No	No

图 5.12　浏览器对 HTML5 类型的支持程度

1. URL 属性

URL 属性用于包含 URL 地址的输入域。在提交表单时，会自动验证 URL 域的值。HTML 代码为<input type="url"　name="userurl">，设置完 URL 属性后从外观上看与普通的元素差不多，如果将此类型放到表单中，单击提交按钮，如果输入框中输入的不是一个 URL 地址，则将无法提交。使用 URL 属性的效果如图 5.13 所示。

图 5.13　URL 应用效果图

为了实现图 5.13 的效果，新建 CORE0510.html，代码如 CORE0510 所示。

```
//代码 CORE0510:URL 属性代码
<!doctype html>
<html>
<head>
<meta charset="utf-8">
<meta content="width=device-width, initial-scale=1.0, minimum-scale=1.0, maximum-scale=1.0,user-scalable=no" name="viewport" />
<meta name="format-detection" content="telephone=no"/>
<meta name="apple-mobile-web-app-status-bar-style" />
<title>url 属性</title>
</head>
<body>
    <form action="##" method="get">
       填写 URL: <input type="url" name="user_url" /><br>
       <input type="submit" value="提交按钮" />
    </form>
</body>
</html>
```

2. E-mail 属性

E-mail 属性用于包含 E-mail 地址的输入域。在提交表单时，会自动验证 E-mail 域的值。HTML 代码为<input type="e-mail" name="e-mail">。如果用户输入的邮箱地址不合法，则单击提交按钮后，会提示输入正确的邮箱。使用 E-mail 的效果如图 5.14 所示。

图 5.14　E-mail 应用效果图

为了实现图 5.14 的效果，新建 CORE0511.html，代码如 CORE0511 所示。

```
//代码 CORE0511:E-mail 属性代码
<!doctype html>
<html>
<head>
<meta charset="utf-8">
<meta content="width=device-width, initial-scale=1.0, minimum-scale=1.0, maximum-scale=1.0,user-scalable=no" name="viewport" />
<meta name="format-detection" content="telephone=no"/>
<meta name="apple-mobile-web-app-status-bar-style"  />
<title>mail</title>
</head>
<body>
    <form action="form.asp" method="get">
        E-mail: <input type="e-mail" name="user_mail" /><br />
        <input type="submit" value="提交邮箱" />
    </form>
</html>
```

3．number 属性

number 属性提供了一个输入数字的类型。用户可以直接输入数字或者通过单击微调框中的向上或向下按钮选择数字，HTML 代码为<input type="type" name="number">。使用 number 属性的效果如图 5.15 所示。

图 5.15　number 属性应用效果

为了实现图 5.15 的效果，新建 CORE0512.html，代码如 CORE0512 所示。

```
//代码 CORE0512:number 属性代码
<!doctype html>
<html>
<head>
<meta charset="utf-8">
<meta content="width=device-width, initial-scale=1.0, minimum-scale=1.0, maximum-scale=1.0,user-scalable=no" name="viewport" />
<meta name="format-detection" content="telephone=no"/>
<meta name="apple-mobile-web-app-status-bar-style"  />
<title>number</title>
</head>
<body>
   <form action="form.asp" method="get">
      number: <input type="number" name="points" min="1" max="10" />
         <input type="submit"  value="提交查询"/>
   </form>
</html>
```

4. range 属性

range 属性用来显示滚动的控件。和 number 属性一样，用户可以使用 max、min 和 step 属性控制控件的范围。HTML 代码为<input type="range" name="" min="" max="">。其中，min 和 max 分别为控制控件的最小值和最大值。使用 range 属性的效果如图 5.16 所示。

图 5.16　range 属性应用效果

为了实现图 5.16 的效果，新建 CORE0513.html，代码如 CORE0513 所示。

```
//代码0513：range 属性代码
<!doctype html>
<html>
<head>
<meta charset="utf-8">
<meta content="width=device-width, initial-scale=1.0, minimum-scale=1.0, maximum-scale=1.0,user-scalable=no" name="viewport" />
<meta name="format-detection" content="telephone=no"/>
<meta name="apple-mobile-web-app-status-bar-style" />
<title>range 属性</title>
</head>
<body>
    <form action="form.asp" method="get">
    期末成绩出来了,成绩名次是<input type="range" name="number">
    </form>
</body>
</html>
```

5. date 属性

在 HTML5 中，新增了日期和时间输入类型，包括 date、datetime、datetime-local、month、 week 和 time。它们的具体含义如表 5.10 所示。

表 5.10 date 的属性

属　　性	描　　述
date	选取日、月、年
month	选取月、年
week	选取周和年
time	选取时间（小时和分钟）
datetime	选取时间、日、月、年（UTC 时间）
datetime-local	选取时间、日、月、年（本地时间）

使用 date 属性的效果如图 5.17 所示，用户单击输入框中的向下按钮，即可在打开的窗口中选择需要的日期。

图 5.17　date 属性的应用效果

为了实现图 5.17 的效果，新建 CORE0514.html，代码如 CORE0514 所示。

```
//代码 CORE0514:date 属性代码
<!doctype html>
<html>
<head>
<meta charset="utf-8">
<meta content="width=device-width, initial-scale=1.0, minimum-scale=1.0, maximum-scale=1.0,user-scalable=no" name="viewport" />
<meta name="format-detection" content="telephone=no"/>
<meta name="apple-mobile-web-app-status-bar-style"  />
<title>date 属性</title>
</head>
<body>
```

```
        <form action="form.asp" method="get">
            请输入您购买商品的日期：<br>
            <input type="date" name="data">
        </form>
    </body>
</html>
```

6．placeholder 属性

placeholder 属性提供了一种提示信息，描述了输入域所期待的值。placeholder 属性适用于以下类型的<input>标签：text、search、url、telephone、E-mail 以及 password。提示信息会在输入域为空时显示，会在输入域获得焦点时消失。HTML 代码为<input type="search" name="user_search" placeholder="Search " >。使用 placeholder 属性的效果如图 5.18 所示。

图 5.18　placeholder 应用效果

为了实现图 5.18 的效果，新建 CORE0515.html，代码如 CORE0515 所示。

```
//代码CORE0515:placeholder 属性代码
<!doctype html>
<html>
<head>
<meta charset="utf-8">
<meta content="width=device-width, initial-scale=1.0, minimum-scale=1.0, maximum-scale=1.0,user-scalable=no" name="viewport" />
```

```
        <meta name="format-detection" content="telephone=no"/>
        <meta name="apple-mobile-web-app-status-bar-style"  />
        <title> placeholder 属性应用</title>
        </head>
        <body>
        <div class="form">
            <h2>用户注册</h2>
        <form action="aa.asp" method="post" id="user-form">
            姓 名 :<input type="text" name="fname" size="20" maxleght="15" placeholder="填写您的姓名"><br>
            密 码 :<input type="password" name="fpassword" size="20" maxlength="20"><br>
            电 话 :<input type="text" name="ftelephone" size="20" maxlength="20"><br>
            性别:<input type="radio" value="sex" name="sex" checked>男 <input type="radio" value="sex" name="sex" >女
        </form>
        </div>
        </body>
        </html>
```

通过下面六个步骤的操作，实现图 5.2 所示的同城旅游用户注册界面。

第一步：打开 Dreamweaver CS6 软件，文件类型选择 HTML5 选项，新建 CORE0516.html 文件。

第二步：新建 demo.css 文件，通过外联方式引入到 HTML 文件中。

第三步：在<head>中添加<meta>标签，使网页适应手机屏幕宽度。代码 CORE0516 如下。

```
//代码 CORE0516: <meta>标签
    <meta content="width=device-width, initial-scale=1.0, minimum-scale=1.0, maximum-scale=1.0,user-scalable=no" name="viewport" />
    <meta name="format-detection" content="telephone=no"/>
    <meta name="apple-mobile-web-app-status-bar-style"  />
```

第四步：头部制作。

头部为标题部分，用 H1 标签，设置标题为居中显示，主要代码 CORE0517 如下，效果如图 5.19 所示。

```
//代码 CORE0517: 头部 CSS 样式
header{
    margin:0 auto;
    text-align:center;//文字居中显示}
```

第五步：主体部分制作。

头部标题设置完成之后，开始进行主体部分的设计，通过对图 5.2 的分析可知，主体部分为表单，用到的表单类型有 text、password、checkbox 等，HTML 代码 CORE0518 如下，效果如图 5.20 所示。

项目 5　同城旅游用户注册界面设计

图 5.19　头部样式

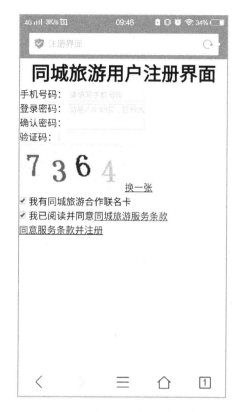

图 5.20　主体部分设置样式前

```
//代码 CORE0518：主体 HTML 代码
<!--主体开始-->
  <div class="regist">
  <form method="post">
    <!-- 用户名 -->
    <div class="item">
        <label>手机号码：</label>
        <input type="text" placeholder="请填写手机号码"></input>
    </div>
    <!-- 密码 -->
    <div class="item">
        <label>登录密码：</label>
        <input type="password" placeholder="请输入 6-18 位，区分大小写，数字、字母及特殊符号中的两种或两种以上"></input>
    </div>
    <!-- 确认密码 -->
    <div class="item">
        <label>确认密码：</label>
        <input type="password"></input>
    </div>
    <!-- 验证码 -->
    <div class="item">
        <label>验证码：</label>
        <input class="lastitem" type="text"></input>
        <img src="inde.png">
        <a href="#" >换一张</a>
```

```
            </div>
            <!-- 同意协议 -->
            <div class="protocol">
                <input type="checkbox" checked="cheched"></input>
                <span>我有同城旅游合作联名卡</span>
            </div>
            <div class="protocol">
                <input type="checkbox" checked="cheched"></input>
                <span>我已阅读并同意</span><a href="#">同城旅游服务条款</a>
            </div>
            <!-- 注册按钮 -->
            <div class="btn">
                <a href="#" >同意服务条款并注册</a>
            </div>
        </form>
    </div>
    <!--主体结束-->
```

主体部分框架编写完之后,开始设置主体部分的样式,代码 CORE0519 如下,效果如图 5.21 所示。

```
//代码 CORE0519: 主体 CSS 代码
.regist{
    width: 100%;
    margin: 0px auto;
    margin-top:10px;
}
.item{
    width:80%px;
    margin: 10px 0;
    overflow: hidden;/*隐藏溢出*/
}
.item label{
    width:25%;
    height:36px;
    line-height:36px;/*行高为 36px*/
    color#606060;/*背景颜色为灰色*/
    text-align: right;/*文字靠右对齐*/
    float: left;/*左浮动*/
    font-size:14px;/*字体大小为 14px*/
}
.item input{
    width:60%;/*宽度为 60%*/
    height:36px;
    margin-left:5px;/*左边距为 5px*/
    float: left;/*左浮动*/
}
.lastitem{
    width: 100px !important;
}
.item img{
    width:10%;
    height:36px;
    display: block;/*显示方式为块*/
    line-height: 36px;
    float:left;}
```

```css
.item a{
    height:36px;
    float:left;
    line-height:36px;
    text-align: center;/*文字居中显示*/
    font-size: 12px;
    display:block;
    text-decoration: none;/*没有下画线*/
    color: #404040;}
.item a,.item a:visited{
    width: 100px;
    height: 36px;
    display: block;
    line-height: 36px;
    text-align: center;
    font-size: 12px;
    text-decoration: none;/
    color: #404040;
    background-color: #efefef;/*设置背景颜色*/
    border: 1px solid #e0e0e0;/*边框宽度为1px、实线、浅灰色 */
    float: left;
    margin-left: 10px;
}
.item a:hover{
    text-decoration: underline;/
}
.protocol{
    margin: 0 auto;
    width:60%;
    margin-top:5px;/*上边距为5px*/
    margin-bottom:10px;/*底边距为10px*/
}
.protocol,.protocol a,.protocol a:visited{
    font-size: 12px;/*字体大小为12px*/
}
.btn{
    margin: 0 auto;/*背景颜色为橙色*/
    width:50%;
    height:30px;
    background-color:#FC0;
    font-size:16px;
    line-height: 30px;
    text-align: center;
    border-radius:4px;/*圆弧半径为4px*/
    -moz-border-radius:4px;
}
.btn a,.btn a:visited{
    color: #fff;
    display: block;
    text-decoration: none;
    background-color:#f90;
}
```

第六步：底部版权信息的制作。

版权信息内容为"Copyright 2016 trip.com"，该内容为一个段落，使用了段落标签，代码 CORE0520 如下，效果如图 5.22 所示。

```
//代码 CORE0520：底部版权信息样式
footer .cop {
   color: #666;
   font-size: 11.5px;
   text-align:center;
}
```

至此，同城旅游用户注册界面就制作完成了。

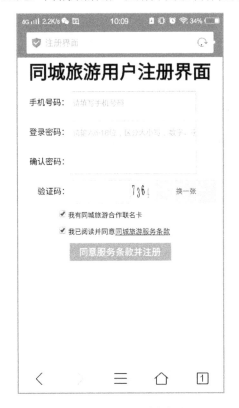

图 5.21　主体设置样式后

图 5.22　底部信息的制作

【拓展目的】

熟悉 HTML5 中的表单及控件标签的使用。

【拓展内容】

利用本项目介绍的技术和方法，制作出同程旅游的会员登录界面，效果如图 5.23 所示。

项目 5　同城旅游用户注册界面设计

图 5.23　同城旅游会员登录界面效果图

【拓展步骤】

1．设计思路

将网页分成 3 部分：头部为标题，主体部分为用户名、密码、登录按钮，底部为超链接。

2．HTML 部分代码

HTML 部分代码 CORE0521 如下。

```
//代码 CORE0521：主体部分 HTML 代码
<form action="##" class="listForm" method="post">
        <article class="circle_b bottom_c" id="payInfo">
        <section    class="secure"   id="selectBank"    style="position: relative;">
        <span class="username"></span>
        <span   class="fRight">  <input   class="opa"   name="LoginName" id="name" placeholder="手机/邮箱" type="text" value="" /> </span>
        </section>
        <section   class="dash_b"    style="position:   relative;" id="selectBank">
        <span class="password"></span>
        <span class="fRight"> <input class="opa" name="Passwd" id="pass" placeholder="输入密码" type="password" /> </span>
        </section >
            </article>
        <section class="check">
        <input  type="checkbox"  id="checkbox"  name="checkbox"  checked= "checked">
```

147

```html
            <label>三十天内自动登录</label>
          </section>
          <div class="hr">
            <a href="#">忘记密码</a></div>
          <div class="col_div">
            <button type="submit" class="btn btn-blue" title="会员登录">登录</button>
          </div>
        </form>
```

3. CSS 部分代码

CSS 部分代码 CORE0522 如下。

```css
//代码 CORE0522：主体部分 CSS 代码
.username {
    background:url(ico-user.png) no-repeat;
    display: inline-block;
    width: 25px;
    height: 25px;
    background-size: cover;
    margin: 6px -5px 0;
}

.password {
    background:url(ico-password.png) no-repeat;
    display: inline-block;
    width: 25px;
    height: 26px !important;
    height: 25px;
    background-size: cover;
    margin: 6px -5px 0;
}
.btn-blue {
    margin-top: 10px;
    background:#6CF;
    border: none;
    border-radius: 3px;
    font-family: microsoft yahei;
    font-size: 18px;
}

.btn {
    width: 100%;
    height: 40px;
    display: block;
    line-height: 40px;
    text-align: center;
    font-size: 18px;
    color: #fff;
    margin-bottom: 10px;
}
```

通过本项目用户注册界面和登录界面的学习，了解了表单的作用及使用方法，熟悉了 HTML5 中的表单及控件标签，学会了应用表单、控件设计注册、登录与留言网页的方法。

action	动作、行为
embed	嵌入
form	表单
method	方法
E-mail	邮件
submit	提交
reset	重置
text	文本
password	密码

一、选择题

1．下面属于表单的 type 属性值的是（ ）。

   A．text   B．file   C．password   D．radio

2．在下列 HTML 中，可以产生复选框的是（ ）。

   A．<input type="check">

   B．<checkbox>

   C．<input type="checkbox">

   D．<check>

3．以下不是 input 在 HTML5 中的新类型的是（ ）。

   A．datetime   B．file   C．colour   D．range

4．在 HTML 中，将表单中 INPUT 元素的 TYPE 属性值设置为（ ）时，用于创建重置按钮。

   A．reset   B．set   C．button   D．image

5．在 HTML 中，（ ）标签用于在网页中创建表单。

   A．<input>   B．<select>   C．<table>   D．<form>

二、上机题

根据本项目的所学知识，制作一个网站留言板。

项目 6 天天动听播放器界面设计

通过实现天天动听播放器界面的设计，学习 HTML5 相关的多媒体技术，掌握 HTML5 中新增音频和视频标签的使用方法。在项目实现过程中：

- 掌握 HTML5 中 video 标签的属性
- 掌握 HTML5 中 video 标签的方法和事件
- 掌握 HTML5 中 audio 标签的属性
- 掌握 HTML5 中 audio 标签的方法和事件

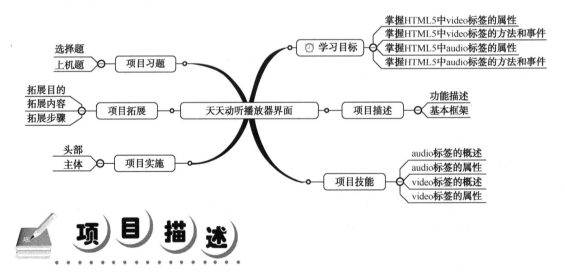

项目描述

【情境导入】

随着网络传输的发展，音频和视频被广泛地应用到网页设计中，在网页中，音频和视频可以给用户提供更直观的、更丰富的信息。本项目主要是实现天天动听播放器界面的设计。

项目 6　天天动听播放器界面设计

【功能描述】

- 头部包括天天动听播放器标题
- 主体包括播放图像和播放器控制条

【基本框架】

基本框架如图 6.1 所示，通过本项目的学习，能将框架图 6.1 转换成效果图 6.2。

图 6.1　播放器框架图　　　　　　图 6.2　播放器效果图

6.1　audio 标签概述

audio 标签定义了播放声音文件或者音频流的标准，支持 3 种音频格式，分别是 Ogg Vorbis，MP3，WAV。HTML 代码为<input src="a.mp3"controls="controls">。其中，src 是规定被播放音乐的地址，controls 是提供播放、暂停和音量控制用的。

 提示

在<audio>与</audio>之间插入的内容是供不支持 audio 元素的浏览器显示的。

浏览器对 audio 标签的支持程度如图 6.3 所示。

	IE 9	Firefox 3.5	Opera 10.5	Chrome 3.0	Safari 3.0
Ogg Vorbis		√	√	√	
MP3	√			√	√
WAV		√	√		√

图 6.3　浏览器对 audio 标签的支持程度

使用 audio 标签的效果如图 6.4 所示。

图 6.4　audio 标签的效果

为了实现图 6.4 的效果，新建 CORE0601.html，代码如 CORE0601 所示。

```
//代码 CORE0601：audio 标签代码
<!doctype html>
<html>
<head>
<meta charset="utf-8">
<title>audio 标签</title>
<meta content="width=device-width, initial-scale=1.0, minimum-scale=1.0,maximum-scale=1.0,user-scalable=no" name="viewport" />
<meta name="format-detection" content="telephone=no"/>
<meta name="apple-mobile-web-app-status-bar-style" />
</head>
<body>
<audio src="radio/trailer.ogg" controls>
您的浏览器不支持 audio 标签，请在支持 audio 的浏览器中运行
</audio>
</body>
</html>
```

6.2 audio 标签的属性

audio 标签的常用属性如表 6.1 所示。

表 6.1 audio 的常用属性

属　　性	值	描　　述
autoplay	autoplay（自动播放）	如果出现该属性，则音频在就绪后会马上播放
	controls（控制）	如果出现该属性，则向用户显示控件，如播放按钮
	loop（循环）	如果出现该属性，则每当音频结束时将重新开始播放
	preload（加载）	如果出现该属性，则音频在页面加载时进行加载，并预备播放；如果使用 autoplay，则忽略该属性
	url	要播放的音频的 URL 地址
autobuffer	autobuffer（自动缓冲）	在网页显示时，该二进制属性表示是由用户代理（浏览器）进行缓冲的内容，还是由用户使用相关 API 进行内容缓冲

audio 还可以一次添加多个音频文件，代码如 CORE0602 所示。

```
//代码CORE0602：一次添加多个音频文件
<!doctype html>
<html>
<head>
<meta charset="utf-8">
<meta content="width=device-width, initial-scale=1.0, minimum-scale=1.0,
maximum-scale=1.0,user-scalable=no" name="viewport" />
<meta name="format-detection" content="telephone=no" />
<meta name="apple-mobile-web-app-status-bar-style"  />
<title>无标题文档</title>
</head>

<body>
<audio controls="controls">
<source src="radio/陆思恒、王钰威 - 一言难尽(Live).mp3" type="audio/mpeg">
<source src="radio/陆思恒、王钰威 - 一言难尽(Live).OGG" type="audio/ogg">
</audio>
</body>
</html>
```

6.3 video 标签概述

video 标签主要是定义播放视频文件或者视频流的标准，它支持 3 种视频格式，分别为 Ogg、WebM 和 MPEG4。HTML 代码为<video src=""controls="controls">。

 提示

在<video>与</video>之间插入的内容是供不支持 audio 元素的浏览器显示的。

使用 video 标签的效果如图 6.5 所示。

图 6.5　video 标签的效果

为了实现图 6.5 的效果，新建 CORE0603.html，代码如 CORE0603 所示。

```
//代码 CORE0603：video 标签代码
<!doctype html>
<html>
<head>
<meta charset="utf-8">
<meta content="width=device-width, initial-scale=1.0, minimum-scale=1.0, maximum-scale=1.0,user-scalable=no" name="viewport" />
<meta name="format-detection" content="telephone=no"/>
<meta name="apple-mobile-web-app-status-bar-style"  />
<title>VIDEO 标签</title>
</head>
<body>
<video src="radio/trailer.mp4" controls>
您的浏览器不支持 video 标签，请在支持 video 的浏览器中运行
</video>
</body>
</html>
```

6.4　video 标签的属性

video 标签的常用属性如表 6.2 所示。

表 6.2 video 属性

属　　性	值	描　　述
autoplay	autoplay	如果出现该属性，则视频在就绪后会马上播放
controls	controls	如果出现该属性，则向用户显示控件，如播放按钮
	loop	如果出现该属性，则每当视频结束时将重新开始播放
	preload	如果出现该属性，则该视频在页面加载时进行加载，并预备播放
	url	要播放视频的 URL
width	宽度值	设置视频播放器的宽度
height	高度值	设置视频播放器的高度
poster	url	当视频未响应或缓冲不足时，该属性值链接到一个图像，该图像将以一定的比例显示出来

video 还可以一次添加多个音频文件，代码如 CORE0604 所示。

```
//代码 CORE0604：一次添加多个视频文件
<!doctype html>
<html>
<head>
<meta charset="utf-8">
<meta content="width=device-width, initial-scale=1.0, minimum-scale=1.0,
maximum-scale=1.0,user-scalable=no" name="viewport" />
<meta name="format-detection" content="telephone=no"/>
<meta name="apple-mobile-web-app-status-bar-style"  />

<title>无标题文档</title>
</head>
<body>
<video controls>
<source src="radio/trailer.mp4">
<source src="radio/trailer.ogg">
</video>
</body>
</html>
```

通过下面四个步骤的操作，实现图 6.2 所示的天天动听播放器界面的设计。

第一步：打开 Dreamweaver CS6 软件，新建 CORE0605.html 文件。

第二步：新建 demo.css 文件，通过外联方式引入到 HTML 文件中。

第三步：在<head>中添加<meta>标签，使网页适应手机屏幕宽度。代码如 CORE0605 所示。

```
//代码 CORE0605:<meta>标签
<meta content="width=device-width, initial-scale=1.0, minimum-scale=1.0,
maximum-scale=1.0,user-scalable=no" name="viewport" />
<meta name="format-detection" content="telephone=no"/>
<meta name="apple-mobile-web-app-status-bar-style"  />
```

第四步：整体结构部分的制作。

头部为天天动听播放器的标题，使用 H1 标签，主体为图片和 audio 标签，新建 CORE0606 如下，效果如图 6.6 所示。

```html
//代码 CORE0606:HTML 代码
<div id="top"><h1>天天动听音乐</h1></div>
    <div id="music">
        <div id="pic"><img src="../images/88407106.jpg">
        </div>
        <audio src="../radio/陆思恒、王钰威 - 一言难尽(Live).mp3" controls>您的浏览器不支持 audio 标签</audio>
    </div>
```

图 6.6　天天动听设置样式前

添加 CSS 代码，如 CORE0607 所示，效果如图 6.2 所示。

```css
//代码 CORE0607:CSS 代码
@charset "utf-8";
/* CSS Document */
*{
    margin:0px;
    padding:0px;
}
body{
    width:100%;}
#top{
```

```
    width:100%;
    text-align:center;
}
#music{
    width:100%;
    text-align:center;
    margin-top:10px;
}
#music audio{
    border:1px solid #F00;
    width:60%;}
#pic{
    width:100%;
    margin:0 auto;}
```

至此,天天动听播放器界面就制作完成了。

熟悉 HTML5 中的多媒体元素标签。

利用本项目介绍的技术和方法,制作出视频播放器界面,效果如图 6.7 所示。

图 6.7　效果图

【拓展步骤】

1．设计思路

该界面分为两部分：头部为视频显示进度的滚动条，底部为视频播放器。

2．HTML 部分代码

HTML 部分代码 CORE0608 如下。

```
//代码 CORE0608：网页视频播放器
<div><video src="video/muirbeach.mp4" /></div>
<div>（单击右键控制播放操作）</div>
<section id="player">
  <video id="thevideo" width="320" height="240" controls >
    <source src="video/muirbeach.mp4"  type="video/mp4" >
    <source src="video/muirbeach.webm" type="video/webm" >
    <source src="video/muirbeach.ogg"  type="video/ogg" >
    <p>您的浏览器不支持 video 标签。</p>/
  </video>
</section>
```

通过本项目的学习，重点掌握 HTML5 中多媒体元素标签（主要包括<audio>标签和<video>标签）、audio/video 属性、audio/video 方法、audio/video 事件等的使用方法。

audio	声音
video	视频
autoplay	自动
control	控制
section	节点

一、选择题

1．HTML5 不支持的视频格式是（　　）。

    A．OGG   B．MP4   C．FLV   D．WebM

2．以下关于 video 的说法正确的是（　　）。

    A．当前，video 元素支持 3 种视频格式，其中 WebM = 带有 Thedora 视频编码和 Vorbis 音频编码的 WebM 文件

    B．source 元素可以添加多个，具体播放哪个元素由浏览器决定

    C．video 内使用 img 展示视频封面

D．loop 属性可以使媒介文件循环播放
3．以下关于 video 的说法错误的是（　　）。
　　A．navigator.geolocation 可以用来判断浏览器是否支持地理定位
　　B．window.navigator.cookieEnabled 判断浏览器是否支持 cookie
　　C．Canvas 不依赖分辨率
　　D．window.FileReader 用于判断浏览器是否支持 FileReader
4．在 HTML5 中，用于规定输入字段是必填的属性是（　　）。
　　A．required　　　B．formvalidate　　C．validate　　　D．placeholder
5．（　　）定义滑块控件。
　　A．search　　　　B．controls　　　　C．slider　　　　D．range

二、上机题

仿照酷狗音乐播放器，制作出属于自己的播放器。

项目 7
使用 HTML5 绘制火柴棒人物

通过实现 HTML5 绘制火柴棒人物，学习 Canvas 标签的概念，掌握使用 Canvas 绘制图形文字等的方法，在项目实现过程中：
- 了解 Canvas
- 了解阴影效果和颜色渐变效果的设置
- 掌握使用 Canvas 绘制图形、文字的方法
- 掌握网页中图形、图片的绘制方法

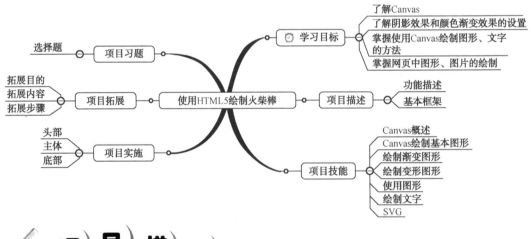

【情境导入】

当学会使用标签之后，可以根据素材自己做出美观简洁的界面时，你是否会想用更少的素材制作出更有意思的界面呢？本项目主要是使用 HTML5 绘制火柴棒人物。

项目 7　使用 HTML5 绘制火柴棒人物

【功能描述】

使用 Canvas 和 JavaScript 绘制出一个简单的小火柴棒人物。

【基本框架】

基本框架如图 7.1 所示，通过本项目的学习，能将框架图 7.1 转换成效果图 7.2。

图 7.1　框架图　　　　　　　　图 7.2　效果图

7.1　Canvas 概述

　　Canvas 是一个新的 HTML5 元素。Canvas 标签是一个画布，包含两个属性——width 和 height，分别表示矩形区域的宽度和高度，这两个属性是可选的，可以通过 CSS 来定义，其默认值是 300px 和 150px。HTML 代码为<canvas id="mycanvas"　height="200" width="200" style="1px solid #ddd; ">。

　　画布本身不具有绘制图形的功能，只是一个容器，使用脚本语言 JavaScript 进行图形绘制，一般分为下面几个步骤。

　　（1）JavaScript 使用 ID 来寻找 Canvas 元素，即可获取当前画布对象，代码如下。

```
var a=document.getELementById("mycanvas");
```

（2）创建 Canvas 对象，代码如下。

```
var cxt=a.getContext("2d");
```

getContext 方法返回一个指定 contextID 的上下文对象，如果不支持指定的 ID，则返回 null，由于 HTML5 的 Canvas 技术还不是很成熟，目前不支持 3D，仅支持 2D。

（3）绘制图形，代码如下。

```
cxt.fillStyle="#CCC";          //填充颜色
cxt.fillRect(0,0,150,75);      //绘制一个矩形
```

7.2 Canvas 绘制基本图形

基于 Canvas 的绘图并不是直接在 Canvas 的标签所创建的绘图画面上进行各种绘图操作，而是依赖 JavaScript 所提供的渲染完成上下文来进行操作的，所有的绘图语句都定义在渲染上下文中，再通过 ID 来调取相应的 DOM 对象。

1．绘制矩形

在画布中绘制矩形的方法如表 7.1 所示。

表 7.1 绘制矩形方法

方　　法	描　　述
fillRect	绘制一个无边框矩形，如 fillRect(0,0,150,75) 表示绘制无边框矩形，左上角的坐标为（0,0），长度为 150，宽度为 75
strokeRect	绘制一个带边框的矩形，该方法的四个参数和上一方法相同
clearRect	清除一个矩形区域，被清除的区域没有任何线条

使用 Canvas 绘制矩形的效果如图 7.3 所示。

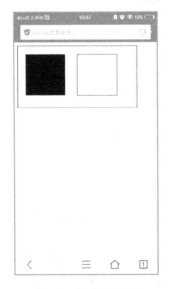

图 7.3 矩形效果图

为了实现图 7.3 的效果，新建 CORE0701.html，代码如 CORE0701 所示。

```
//代码 CORE0701：绘制矩形
<!doctype html>
<html>
<head>
<meta content="width=device-width, initial-scale=1.0, minimum-scale=1.0,
maximum-scale=1.0,user-scalable=no" name="viewport" />
<meta name="format-detection" content="telephone=no">
<meta name="apple-mobile-web-app-status-bar-style"  />
<meta charset="utf-8">
<title>canva 绘制矩形</title>
</head>
<body>
<canvas id="canvas" style="border:1px solid #000">
你的浏览器不支持 canvas
</canvas>
<script type="text/javascript">
var a=document.getElementById("canvas");   //获取画布对象
var cxt=a.getContext("2d");            //使用 getContext 获取当前 2D 的上下文对象
cxt.fillStyle="rgb(0,0,155)";          //填充颜色
cxt.fillRect(20,20,100,100);           //绘制无边框矩形
cxt.strokeRect(150,20,100,100);        //绘制有边框矩形
</script>
</body>
</html>
```

2．绘制圆形

在画布中绘制圆形的方法如表 7.2 所示。

表 7.2 绘制圆形方法

方 法	描 述
beginPath()	开始绘制路径
arc(x,y,radius,startAngle,endAngle,anticlockwise)	x 和 y 定义的是圆的中心，radius 是圆的半径，startAngle 和 endAngle 是弧度，不是度数，anticlockwise 用来定义所画圆的方向，值是 true 或 false
closePath()	结束路径的绘制
fill()	进行填充
stroke()	设置边框

使用 Canvas 绘制圆形的效果如图 7.4 所示。

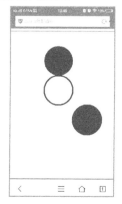

图 7.4 圆形效果图

为了实现图 7.4 的效果，新建 CORE0702.html，代码如 CORE0702 所示。

```
//代码 CORE0702：绘制圆形代码
<!doctype html>
<html>
<head>
<meta charset="utf-8">
<title>canva 绘制圆形</title>
    <meta content="width=device-width, initial-scale=1.0, minimum-scale=1.0,maximum-scale=1.0,user-scalable=no" name="viewport" />
    <meta name="format-detection" content="telephone=no"/>
    <meta name="apple-mobile-web-app-status-bar-style"  />
</head>
<body>
<canvas id="canvas" width="500" height="500" style="border:1px solid #000">
你的浏览器不支持 canvas
</canvas>
<script type="text/javascript">
var a=document.getElementById("canvas");
var cxt=a.getContext("2d");
//画一个空心圆
cxt.beginPath();
cxt.arc(200,200,50,0,360,false);
cxt.lineWidth=5;
cxt.strokeStyle="green";
cxt.stroke();//画空心圆
cxt.closePath();
//画一个实心圆
cxt.beginPath();
cxt.arc(200,100,50,0,360,false);
cxt.fillStyle="red";//填充颜色,默认是黑色
cxt.fill();//画实心圆
cxt.closePath();
//空心和实心的组合
cxt.beginPath();
cxt.arc(300,300,50,0,360,false);
cxt.fillStyle="red";
cxt.fill();
cxt.strokeStyle="green";
cxt.stroke();
cxt.closePath();
</script>
</body>
</html>
```

> **提示**
>
> beginPath()方法开始绘制路径时可以绘制直线、曲线等，绘制完成后调用 fill()和 stroke()完成填充和边框设置，通过调用 closePath()方法结束路径的绘制。

3．绘制直线

每个 Canvas 实例对象中都拥有一个 path 对象，创建自定义图形的过程就是不断地对 path 对象进行操作的过程。绘制直线的相关方法和属性如表 7.3 所示。

表 7.3 Canvas 绘制直线的方法及属性

方法和属性	功能
moveTo(x,y)	不绘制，只是将当前位置移动到新目标坐标(x,y)外，并作为线条开始点
lineTo(x,y)	绘制线条到指定的目标坐标(x,y)，并且在两个坐标之间画一条直线，不管调用哪一个，都不会真正画出图形，因为还没有调用 stroke(绘制)和 fill（填充）函数，只是在定义路径的位置，以便后面绘制时使用
strikeStyle	属性，指定线条的颜色
lineWidth	属性，设置线条的粗细

使用 Canvas 绘制直线的效果如图 7.5 所示。

图 7.5 绘制直线的效果

为了实现图 7.5 的效果，新建 CORE0703.html，代码如 CORE0703 所示。

```
//代码 CORE0703：绘制直线代码
<!doctype html>
<html>
<head>
<meta charset="utf-8">
<title>canva 绘制直线</title>
<meta content="width=device-width, initial-scale=1.0, minimum-scale=1.0, maximum-scale=1.0,user-scalable=no" name="viewport" />
<meta name="format-detection" content="telephone=no"/>
<meta name="apple-mobile-web-app-status-bar-style" />
</head>
<body>
<canvas id="canvas" width="500" height="500" style="border:1px solid #000">
```

HTML5+CSS3项目开发实战

```
你的浏览器不支持canvas
</canvas>
<script type="text/javascript">
var a=document.getElementById("canvas");
var cxt=a.getContext("2d");
cxt.beginPath();
cxt.strokeStyle="rgb(0,0,255)";
cxt.moveTo(20,20);//开始坐标(20,20)
cxt.lineTo(150,50);//结束坐标(150,50)
cxt.lineTo(20,50); //结束坐标(20,50)
cxt.lineWidth=10;//线条宽度为10
cxt.stroke();
cxt.closePath();
</script>
</body>
</html>
```

7.3 绘制渐变图形

渐变是两种或更多的平滑过渡，指在颜色集上使用逐步抽样算法将结果应用于描边和填充样式中。Canvas 绘图支持两种类型的渐变：线性渐变和放射性渐变。其中，放射性渐变也称径向渐变。

1．绘制线性渐变

所谓线性渐变，是指从开始地点到结束地点颜色呈直线的变化效果。在 Canvas 中，不仅可以指定开始和结尾的两点，中间的位置也能任意指定，实现各种奇妙的效果。

绘制线性渐变使用了 createLinearGradient 命令，要想获得一个 CanvasGradient 对象，使用此对象的 addColorStop 方法添加颜色即可。

使用渐变的三个步骤如下。

1）创建渐变对象，其代码如下。

```
var a=cxt.creatLinearGradient(0,0,0,canvas.height);
```

2）为渐变对象设置颜色，指明过渡方式，其代码如下。

```
gradient.addColorStop(0,"#fff");
gradient.addColorStop(1,"#000");
```

3）在 context 上为填充样式或者描边样式设置渐变，其代码如下。

```
cxt.fillStyle=gradient;
```

绘制线性渐变的方法如表 7.4 所示。

表 7.4 绘制线性渐变的方法

方 法	功 能
creatLinearGradient（x0，y0，x1，y1）	沿着直线从(x0,y0)到(x1,y1)绘制渐变
addColorStop	它有两个参数：颜色和偏移量。颜色表示描边或填充时所使用的颜色，偏移量是一个 0~1 的数值，表示沿着渐变线渐变的距离有多远

项目 7　使用 HTML5 绘制火柴棒人物

使用 Canvas 实现线性渐变的效果如图 7.6 所示。

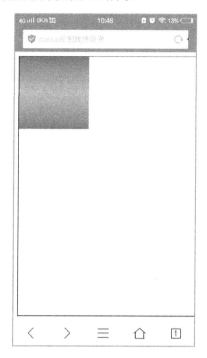

图 7.6　线性渐变的效果

为了实现图 7.6 的效果，新建 CORE0704.html，代码如 CORE0704 所示。

```
//代码 CORE0704：绘制线性渐变
<!doctype html>
<html>
<head>
<meta charset="utf-8">
<title>canva 绘制线性渐变</title>
<meta content="width=device-width, initial-scale=1.0, minimum-scale=1.0,
maximum-scale=1.0,user-scalable=no" name="viewport" />
<meta name="format-detection" content="telephone=no" />
<meta name="apple-mobile-web-app-status-bar-style"  />
</head>
<body>
<canvas id="canvas" width="500" height="500" style="border:1px solid #000">
你的浏览器不支持 canvas
</canvas>
<script type="text/javascript">
  var canvas = document.getElementById('canvas');
  var ctx = canvas.getContext('2d');
  ctx.beginPath();
  /* 指定渐变区域 */
  var grad  = ctx.createLinearGradient(0,0, 0,140);
  /* 指定几个颜色 */
  grad.addColorStop(0,'rgb(192, 80, 77)');     // 红
  grad.addColorStop(0.5,'rgb(155, 187, 89)');  // 绿
  grad.addColorStop(1,'rgb(128, 100, 162)');   // 紫
  /* 将这个渐变设置为 fillStyle */
  ctx.fillStyle = grad;
```

```
    /* 绘制矩形 */
    ctx.rect(0,0, 140,140);
    ctx.fill();
    // ctx.fillRect(0,0, 140,140);
</script>
</body>
</html>
```

2. 绘制径向渐变

除了线性渐变以外,HTML5 Canvas API 还支持放射性渐变,所谓放射性渐变就是颜色会根据两个指定圆间锥形区域平滑变化。放射性渐变和线性渐变使用的颜色终止点是一样的。要实现放射性渐变,即径向渐变,需要使用方法 creatRadialGradient。

creatRadialGradient(x0,y0,r0,x1,y1,r1)方法表示沿着两个圆之间的锥形区域绘制渐变。其中,前三个参数代表开始的圆,圆心为(x0,y0),半径为 r0;后三个参数代表结束的圆,圆心为(x1,y1),半径为 r1。

使用 Canvas 实现径向渐变的效果如图 7.7 所示。

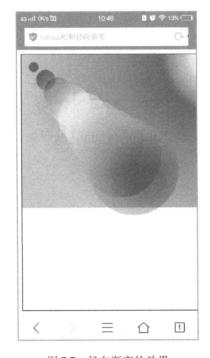

图 7.7 径向渐变的效果

为了实现图 7.7 的效果,新建 CORE0705.html,代码如 CORE0705 所示。

```
//代码 CORE0705:径向渐变
<!doctype html>
<html>
<head>
<meta charset="utf-8">
<title>canva 绘制径向渐变</title>
<meta content="width=device-width, initial-scale=1.0, minimum-scale=1.0, maximum-scale=1.0,user-scalable=no" name="viewport" />
<meta name="format-detection" content="telephone=no"/>
```

```
        <meta name="apple-mobile-web-app-status-bar-style" />
        </head>
        <body>
        <canvas id="canvas" width="500" height="500" style="border:1px solid #000">
        你的浏览器不支持canvas
        </canvas>
        <script type="text/javascript">
        window.onload = function()
            {
                        var canvas = document.getElementById("canvas");
                        var context = canvas.getContext("2d");
                        var g1 = context.createRadialGradient(400, 0, 0, 400,
0, 400);
                        g1.addColorStop(0.1, "rgb(255, 255, 0)");
                        g1.addColorStop(0.3, "rgb(255, 0, 255)");
                        g1.addColorStop(1, "rgb(0, 255, 255)");
                        context.fillStyle = g1;
                        context.fillRect(0, 0, 400, 300);
                        var n = 0;
                        var g2 = context.createRadialGradient(250, 250, 0, 250,
250, 300);
                        g2.addColorStop(0.1, "rgba(255, 0, 0, 0.5)");
                        g2.addColorStop(0.7, "rgba(255, 255, 0, 0.5)");
                        g2.addColorStop(1, "rgba(0, 0, 255, 0.5)");
                        for(var i = 0; i < 10; i++)
                        {
                                context.beginPath();
                                context.fillStyle = g2;
                                context.arc(i * 25, i * 25, i * 10, 0, Math.PI
* 2, true);
                                context.closePath();
                                context.fill();
                        }
            }
        </script>
        </body>
        </html>
```

7.4 绘制变形图形

Canvas 不但可以使用 lineTo 和 moveTo 移动画笔绘制线条和图形，还可以使用变换来调整画笔下的画布，变换的方法有旋转、平移、缩放和变形等。

1. 状态保存与恢复

context 对象中维持了一个保存当前 Canvas 状态信息的堆。context 对象提供了两个方法用于保存和恢复 Canvas 的状态，其原型如下：void save()，用于将当前 Canvas 中的所有状态信息保存到堆中；void restore()，用于弹出并开始使用堆上面保存的状态信息。使用状态保存与恢复的目的是防止绘制代码过于膨胀。

 提 示

创建画布的 context 对象时要把初始的状态保存下来，这样在重画时都可以直接恢复成初始的状态，而不用每次都调用 clearRect()方法擦除了。

使用 Canvas 的 save() 和 restore()方法的效果如图 7.8 所示。

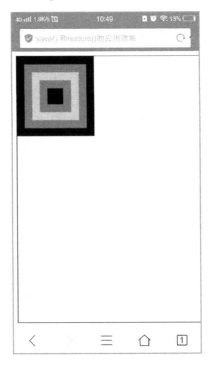

图 7.8 save() 和 restore()的应用效果

为了实现图 7.8 的效果，新建 CORE0706.html，代码如 CORE0706 所示。

```
//代码 CORE0706：save() 和 restore()的应用
<!doctype html>
<html>
<head>
<meta charset="utf-8">
<meta content="width=device-width, initial-scale=1.0, minimum-scale=1.0, maximum-scale=1.0,user-scalable=no" name="viewport" />
<meta name="format-detection" content="telephone=no"/>
<meta name="apple-mobile-web-app-status-bar-style" />
<title> save() 和 restore()的应用效果</title>
</head>
<body>
<canvas id="canvas" width="500" height="500" style="border:1px solid #000">
你的浏览器不支持 canvas
</canvas>
<script type="text/javascript">
window.onload = function()
    { var ctx = document.getElementById( 'canvas' ).getContext( '2d' );
      ctx.fillRect(0,0,150,150);          //绘制矩形，高度和宽度为150
      ctx.save();                          //保存
    ctx.fillStyle = '#09F'                 //改变矩形颜色
    ctx.fillRect(15,15,120,120);           //绘制矩形，高度和宽度为120
    ctx.save();                            //保存
    ctx.fillStyle = '#FFF'                 //为矩形添加颜色
    ctx.globalAlpha = 0.5;                 //透明度
    ctx.fillRect(30,30,90,90);
```

```
            ctx.restore();
            ctx.fillRect(45,45,60,60);
            ctx.restore();
            ctx.fillRect(60,60,30,30);
        }
    </script>
    </body>
</html>
```

2．图形平移

平移即将绘图区相对于当前画布的左上角进行平移，如果不进行变形，绘图区原点和画布原点就是重叠的，绘图区相当于画图软件里的热区或当前层。如果进行变形，则坐标位置会移动到一个新的位置。

如果要对图形实现平移，需要使用 translate(x,y)，该方法表示在平面上平移，即以原来的坐标原点作为参考，然后以偏移后的位置作为坐标原点，也就是说，如果原来在（50,50），平移（2,2）后新的坐标原点是（52,52），而不是（2,2）。

使用 Canvas 实现平移的效果如图 7.9 所示。

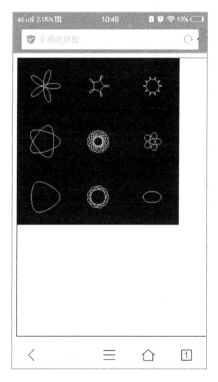

图 7.9　平移效果图

为了实现图 7.9 的效果，新建 CORE0707.html，代码如 CORE0707 所示。

```
    //代码 CORE0707：图形平移的应用代码
    <!doctype html>
    <html>
    <head>
    <meta charset="utf-8">
    <meta content="width=device-width, initial-scale=1.0, minimum-scale=1.0,
maximum-scale=1.0,user-scalable=no" name="viewport" />
```

```html
<meta name="format-detection" content="telephone=no"/>
<meta name="apple-mobile-web-app-status-bar-style" />
<title>平移效果图</title>
</head>
<body>
<canvas id="canvas" width="500" height="500" style="border:1px solid #000">
你的浏览器不支持 canvas
</canvas>
<script type="text/javascript">
window.onload = function() {
    var ctx = document.getElementById( 'canvas' ).getContext( '2d' );
    ctx.fillRect(0,0,300,300);
    for ( var i=0;i<3;i++) {
      for ( var j=0;j<3;j++) {
        ctx.save();
        ctx.strokeStyle = "#9CFF00" ;
        ctx.translate(50+j*100,50+i*100);
        drawSpirograph(ctx,20*(j+2)/(j+1),-8*(i+3)/(i+1),10);
   ctx.restore();/* 用来绘制螺旋（spirograph）图案*/
      }
    }
}
    function drawSpirograph(ctx,R,r,O){
      var x1 = R-O;
      var y1 = 0;
      var i = 1;
      ctx.beginPath();
      ctx.moveTo(x1,y1);
      do {
       if (i>20000) break ;
       var x2 = (R+r)*Math.cos(i*Math.PI/72) - (r+O)*Math.cos(((R+r)/r)*(i*Math.PI/72));
       var y2 = (R+r)*Math.sin(i*Math.PI/72) - (r+O)*Math.sin(((R+r)/r)*(i*Math.PI/72));
       ctx.lineTo(x2,y2);
       x1 = x2;
       y1 = y2;
       i++;
      } while (x2 != R-O && y2 != 0 );
      ctx.stroke();
    }
</script>
</body>
</html>
```

3. 图形缩放

对于变换图形来说，最常用的方式就是对图形进行缩放，即以原来图形为参考，放大或者缩小图形，从而增加效果。实现图形的缩放应使用 scale(x,y)函数，该函数包含两个参数，分别代表 x、y 两个方向上的值。

使用 Canvas 实现图像缩放的效果如图 7.10 所示。

项目 7　使用 HTML5 绘制火柴棒人物

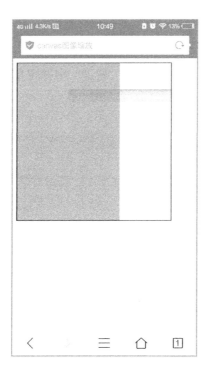

图 7.10　图像缩放效果图

为了实现图 7.10 的效果，新建 CORE0708.html，代码如 CORE0708 所示。

```
//代码CORE0708：图像缩放代码
<!doctype html>
<html>
<head>
<meta charset="utf-8">
<meta content="width=device-width, initial-scale=1.0, minimum-scale=1.0, maximum-scale=1.0,user-scalable=no" name="viewport" />
<meta name="format-detection" content="telephone=no"/>
<meta name="apple-mobile-web-app-status-bar-style"  />
<title>canvas 图像缩放</title>
</head>
<body>
<canvas id="canvas" width="300" height="300" style="border:1px solid #000">
你的浏览器不支持canvas
</canvas>
<script type="text/javascript">
window.onload = function() {
     var canvas=document.getElementById("canvas");
     var context=canvas.getContext("2d");
     context.fillStyle="#aaa";
     context.fillRect(0,0,200,300);
     context.translate(100,50);
     context.fillStyle='rgba(0,255,0,0.25)';
     for(var i=0;i<50;i++){
         context.scale(3,0.5);
         context.fillRect(0,0,100,50);}
    }
</script>
</body>
</html>
```

4．图形旋转

变换操作并不限于缩放和平移，还可以使用函数 context.rotate(angle)来旋转图像。rotate()方法默认是从左上端的（0,0）开始旋转的，通过一个指定角度来改变画布的坐标和 Canvas 在浏览器中的映射。

使用 Canvas 图形旋转的效果如图 7.11 所示。

图 7.11　图形旋转效果

为了实现图 7.11 的效果，新建 CORE0709.html，代码如 CORE0709 所示。

```
//代码CORE0709:图形旋转代码
<!doctype html>
<html>
<head>
<meta charset="utf-8">
<meta content="width=device-width, initial-scale=1.0, minimum-scale=1.0,maximum-scale=1.0,user-scalable=no" name="viewport" />
<meta name="format-detection" content="telephone=no"/>
<meta name="apple-mobile-web-app-status-bar-style"  />
<title>canvas</title>
</head>

<body>
<canvas id="canvas" width="300" height="300" style="border:1px solid #000">
你的浏览器不支持canvas
</canvas>
<script type="text/javascript">
    var canvas =document.getElementById("canvas");
    var context2D =canvas.getContext("2d");
```

```
        var pic = new Image();
        pic.src ="music.jpg";        //图片在根目录下
        function draw(){
            context2D.clearRect(0,0,600,400);
            context2D.save();              //保存画笔状态
            context2D.rotate(Math.PI/10*Math.random());//开始旋转
            context2D.drawImage(pic,100, 100);
            context2D.restore();      //绘制结束以后,恢复画笔状态
        }
        setInterval(draw, 1000);
    </script>
</body>
</html>
```

7.5 图形组合

前面已经介绍过如何将一个图形画在另一个图形之上，这里主要介绍如何利用 globalCompositeOperation 属性来改变图形的绘制顺序，globalCompositeOperation 属性值如表 7.5 所示。

表 7.5 图形组合属性值

值	描述	图 形
source-atop	新图形中与原有内容重叠的部分会被绘制,并覆盖于原有内容之上	
destination-atop	原有内容中与新内容重叠的部分会被保留,并会在原有内容之下绘制新图形	
lighter	两个图形中重叠的部分做加色处理	
darker	两个图形中重叠的部分做减色处理	
xor	重叠的部分会变成透明	
copy	只有新图形被保留,其他都被清除	
source-over (default)	这是默认设置,新图形会覆盖在原有内容之上	
destination-over	会在原有内容之下绘制新图形	
source-in	新图形仅仅出现与原有内容重叠的部分。其他区域都变成透明的	
destination-in	原有内容中与新图形重叠的部分会被保留,其他区域都变成透明的	
source-out	只有新图形中与原有内容不重叠的部分会被绘制出来	
destination-out	原有内容中与新图形不重叠的部分会被保留	

7.6 使用图像

要在 Canvas 上绘制图像，首先需要准备一张图片，图片可以通过 HTML5 或 JavaScript 引入，无论采用哪种方式都需要在绘制 Canvas 之前，加载这张图片。浏览器在页面脚本执行的同时会异步加载图片。如果视图在图片加载之前就将其呈现到 Canvas 上了，那么 Canvas 将不会显示任何图片。使用图像的方法如表 7.6 所示。

表 7.6 使用图像的方法

方　　法	说　　明
drawImage(image,dx,dy)	接收一张图片，并将之画到 Canvas 中。给出的坐标(dx,dy)代表图片的左上角位置
drawImage(image,dx,dy,dw,dh)	接收一张图片，将其缩放，宽度为 dw，高度为 dh，然后把它画到 Canvas 上的(dx,dy)处
drawImage(image,sx,sy,sw,sy,dx,dy,dw,dh)	接收一张图片，通过参数(sx,sy,sw,sh)指定图片剪裁的范围，并缩放到(dw,dh)的大小，然后把它画到 Canvas 上的(dx,dy)处

使用 Canvas 剪裁图像的效果如图 7.12 所示。

图 7.12 剪裁图像的效果

为了实现图 7.12 的效果，新建 CORE0710.html，代码如 CORE0710 所示。

```
//代码CORE0710:剪裁图像
<!DOCTYPE html>
<html>
 <head>
  <meta http-equiv="Content-type" content="text/html; charset = utf-8" />
  <meta content="width=device-width, initial-scale=1.0, minimum-scale=1.0, maximum-scale=1.0,user-scalable=no" name="viewport" />
  <meta name="format-detection" content="telephone=no" />
  <meta name="apple-mobile-web-app-status-bar-style"  />

  <title>HTML5 绘制图片</title>
  <script type="text/javascript" charset="utf-8">
  //这个函数将在页面完全加载后调用
  function pageLoaded()
  {
    //获取canvas对象的引用,注意tCanvas名称必须和下面body中的ID相同
    var canvas = document.getElementById('tCanvas');
    //获取该canvas的2D绘图环境
    var context = canvas.getContext('2d');
    //获取图片对象的引用
    var image = document.getElementById('img1');
    //在(10,50)处绘制图片
    context.drawImage(image,10,30);
    //缩小图片至原来的一半
    context.drawImage(image,180,30,165/2,86/2);
    //绘制图片的局部（从左上角开始切割图片）
    context.drawImage(image,0,0,0.7*165,0.7*86,300,50,0.7*165,0.7*86);
  }
  </script>
 </head>
 <body onload="pageLoaded();">
  <canvas width="450" height="150" id="tCanvas" style="border:black 1px solid;">
   <!--如果浏览器不支持，则显示如下字体--> 提示：你的浏览器不支持
   <!--<canvas>-->标签
  </canvas>
  <br>
  <img src="2.jpg" id="img1" />
 </body>
</html>
```

7.7 绘制文字

在画布中绘制文字的方式和操作其他路径对象的方式相同，文本绘制功能由两个方法组成，如表7.7所示。

表7.7 文本绘制功能

方 法	描 述
fillText（text,x,y,maxwidth）	绘制待 fillStyle 填充的文字，文字参数以及用于移动文本位置的坐标的参数。maxwidth 是可选参数，用于限制字体大小，它会将文本字体强制收缩到指定的尺寸
trokeText（text,x,y,maxwidth）	绘制只有 strokeStyle 边框的文字

使用 Canvas 绘制文字的效果如图 7.13 所示。

图 7.13　绘制文字的效果

为了实现图 7.13 的效果，新建 CORE0711.html，代码如 CORE0711 所示。

```
//代码 CORE0711：绘制文字代码
<!DOCTYPE html>
<html>
 <head>
  <meta http-equiv="Content-type" content="text/html; charset = utf-8" />
  <meta content="width=device-width, initial-scale=1.0, minimum-scale=1.0,
maximum-scale=1.0,user-scalable=no" name="viewport" />
  <meta name="format-detection" content="telephone=no"/>
  <meta name="apple-mobile-web-app-status-bar-style"  />

  <title>HTML5 绘制文字</title>
  <script type="text/javascript" charset="utf-8">
   //这个函数将在页面完全加载后调用
   function pageLoaded()
   {
    //获取 canvas 对象的引用,注意 tCanvas 名称必须和下面 body 中的 ID 相同
    var canvas = document.getElementById('tCanvas');
    //获取该 canvas 的 2D 绘图环境
    var context = canvas.getContext('2d');
    //绘制文本
    context.fillText('好好学习',20,30);
    //修改字体
    context.font = '20px Arial';
    context.fillText('好好学习',20,60);
    //绘制空心的文本
    context.font = '36px 隶书';
```

项目 7　使用 HTML5 绘制火柴棒人物

```
            context.strokeText('天天向上',20,100);
        }
    </script>
    </head>
    <body onload="pageLoaded();">
     <canvas width="320" height="120" id="tCanvas" style="border:black 1px solid;">
        <!--如果浏览器不支持，则显示如下字体--> 提示：你的浏览器不支持
        <!--<canvas>--> 标签
     </canvas>
    </body>
</html>
```

7.8　SVG

1．使用 SVG 图像的优势

与其他图像格式（如 JPEG 和 GIF）相比，使用 SVG 的优势在于：

① SVG 图像可通过文本编辑器来创建和修改；
② SVG 图像可被搜索、索引、脚本化或压缩；
③ SVG 图像是可伸缩的；
④ SVG 图像可在任意分辨率下被高质量地打印；
⑤ SVG 可在图像质量不下降的情况下被放大。

在 HTML5 中，可以将 SVG 元素直接嵌入到 HTML 页面中，示例代码如下。

```
<!DOCTYPE html>
<html>
 <body>
   <svg xmlns="http://www.w3.org/2000/svg" version="1.1" height="190">
      <polygon points="100,10 40,180 190,60 10,60 160,180"
         style="fill:lime;stroke:purple;stroke-width:5;fill-rule:evenodd;" />
   </svg>
 </body>
</html>
```

2．<canvas>标签、SVG 之间的差异

Canvas 和 SVG 都允许在浏览器中创建图形，但是它们在根本上是不同的。SVG 是一种使用 XML 描述 2D 图形的语言，SVG 基于 XML，这意味着 SVG DOM 中的每个元素都是可用的，可以为某个元素附加 JavaScript 事件处理器。在 SVG 中，每个被绘制的图形均被视为对象。如果 SVG 对象的属性发生了变化，那么浏览器能够自动重现图形。

通过下面六个步骤的操作，实现图 7.2 所示的效果。

第一步：打开 Dreamweaver CS6 软件，文件类型选择 HTML5 选项，新建 CORE0712.html 文件。

第二步：新建 demo.css 文件，通过外联方式引入到 HTML 文件中。

第三步：在<head>中添加<meta>标签，使网页适应手机屏幕的宽度。代码如 CORE0712 所示。

```
//代码CORE0712：<meta>标签
<meta content="width=device-width, initial-scale=1.0, minimum-scale=1.0,maximum-scale=1.0,user-scalable=no" name="viewport" />
<meta name="format-detection" content="telephone=no"/>
<meta name="apple-mobile-web-app-status-bar-style"  />
```

第四步：在 HTML 中定义一个 Canvas，设置画布的宽度和高度，代码 CORE0713 如下，效果如图 7.14 所示。

```
//代码CORE0713：定义Canvas
<!doctype html>
<html>
<head>
<meta content="width=device-width, initial-scale=1.0, minimum-scale=1.0,maximum-scale=1.0,user-scalable=no" name="viewport" />
<meta name="format-detection" content="telephone=no"/>
<meta name="apple-mobile-web-app-status-bar-style"  />
<meta charset="utf-8">
<title>绘制火柴棒人</title>
</head>
<body>
<canvas id="mycanvas" width="320px" height="480px" style="border:1px solid black;color:#0FF;">
    你的浏览器不支持canvas
</canvas>
</script>
</body>
</html>
```

图 7.14　定义画布边框

第五步：实现头部颜色绘制，以及眼睛的绘制，代码 CORE0714 如下，效果如图 7.15 所示。

```html
//代码CORE0714:添加头部和眼睛HTML的代码
<!doctype html>
<html>
<head>
<meta charset="utf-8">
<title>绘制火柴棒人</title>
</head>
<body>
    <canvas id="mycanvas" width="320px" height="480px" style="border:1px solid black;color:#0FF;">
        你的浏览器不支持canvas
    </canvas>
    <script type="text/javascript">
        var drawHead = function(ctx) {
            ctx.beginPath();
            ctx.arc(100, 50, 30, 0, Math.PI*2, true);
            ctx.fillStyle="#acc";
            ctx.fill();
        };
        var drawMouth = function(ctx) {
            ctx.beginPath();
            ctx.strokeStyle = '#c00';
            ctx.lineWidth = 3;
            ctx.arc(100, 50, 20, 0, Math.PI, false);
            ctx.stroke();
        };
        var drawEyes = function(ctx) {
            ctx.beginPath();
            ctx.fillStyle = '#f00';
            ctx.arc(90, 45, 3, 0, Math.PI*2, true);
            ctx.fill();
            ctx.moveTo(113, 45);
            ctx.arc(110, 45, 3, 0, Math.PI*2, true);
            ctx.fill();
            ctx.stroke();
        };
        window.onload = function() {
            var canvas=document.querySelector('canvas');
            var ctx = canvas.getContext('2d');
            drawHead(ctx);
            drawMouth(ctx);
            drawEyes(ctx);
        };
</script>
</body>
</html>
```

HTML5+CSS3项目开发实战

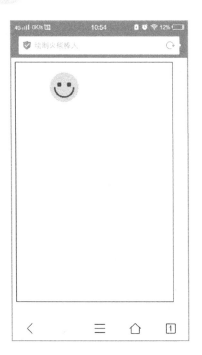

图 7.15　绘制头部信息

第六步：绘制身躯，代码 CORE0715 如下，效果如图 7.2 所示。

```
//代码 CORE0715:绘制身躯 HTML 代码
   var drawBody = function(ctx) {
       ctx.beginPath();
       ctx.strokeStyle = '#000';
       ctx.lineWidth = 5;
       // body
       ctx.moveTo(100, 80);
       ctx.lineTo(100, 180);
       // legs
       ctx.moveTo(70, 260);
       ctx.lineTo(100, 180);
       ctx.lineTo(130, 260);
       // arms
       ctx.moveTo(50, 130);
       ctx.lineTo(100, 100);
       ctx.lineTo(150, 130);
       ctx.stroke();
   };
```

至此，即可绘制出想要的效果。

【拓展目的】

练习 HTML5 中<canvas>标签的使用。

项目 7 使用 HTML5 绘制火柴棒人物

【拓展内容】

利用本项目介绍的技术和方法,制作出疯狂俄罗斯方块游戏界面,效果如图 7.16 所示。

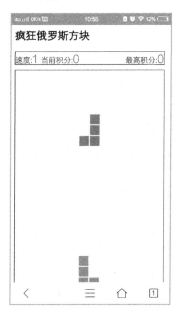

图 7.16 效果图

【拓展步骤】

JavaScript 主要代码 CORE0716 如下。

```
//代码 CORE0716
var initBlock = function()
{
   var rand = Math.floor(Math.random() * blockArr.length);
   //随机生成正在下掉的方块
   currentFall = [
      {x: blockArr[rand][0].x , y: blockArr[rand][0].y
         , color: blockArr[rand][0].color},
      {x: blockArr[rand][1].x , y: blockArr[rand][1].y
         , color: blockArr[rand][1].color},
      {x: blockArr[rand][2].x , y: blockArr[rand][2].y
         , color: blockArr[rand][2].color},
      {x: blockArr[rand][3].x , y: blockArr[rand][3].y
         , color: blockArr[rand][3].color}
   ];
};
//定义一个创建 Canvas 组件的函数
var createCanvas = function(rows , cols , cellWidth, cellHeight)
{
   tetris_canvas = document.createElement("canvas");
   // 设置 Canvas 组件的高度、宽度
   tetris_canvas.width = cols * cellWidth;
   tetris_canvas.height = rows * cellHeight;
   // 设置 Canvas 组件的边框
```

```
            tetris_canvas.style.border = "1px solid black";
            // 获取 Canvas 上的绘图 API
            tetris_ctx = tetris_canvas.getContext('2d');
            // 开始创建路径
            tetris_ctx.beginPath();
            // 绘制横向网络对应的路径
            for (var i = 1 ; i < TETRIS_ROWS ; i++)
            {
                tetris_ctx.moveTo(0 , i * CELL_SIZE);
                tetris_ctx.lineTo(TETRIS_COLS * CELL_SIZE , i * CELL_SIZE);
            }
            // 绘制竖向网络对应的路径
            for (var i = 1 ; i < TETRIS_COLS ; i++)
            {
                tetris_ctx.moveTo(i * CELL_SIZE , 0);
                tetris_ctx.lineTo(i * CELL_SIZE , TETRIS_ROWS * CELL_SIZE);
            }
            tetris_ctx.closePath();
            // 设置笔触颜色
            tetris_ctx.strokeStyle = "#aaa";
            // 设置线条粗细
            tetris_ctx.lineWidth = 0.3;
            // 绘制线条
            tetris_ctx.stroke();
        }
```

本项目通过对网页图形绘制的训练，重点熟悉了 HTML5 中<canvas>标签、画布与画笔、坐标与路径、各种网页图形的绘制、图片的绘制、阴影效果和颜色渐变效果的设置等，学会了应用<canvas>标签、相关属性和方法进行网页图形绘制与游戏设计的方法。

canvas	画布
stroke	敲击
LineWidth	线条宽度
function	函数
getContext()	返回内容
lineTo()	绘制结束坐标
moveTo()	线条开始坐标

选择题

1. 以下不是 Canvas 的方法的是（　　）。

A．getContext()　　　B．fill()　　　　　C．stroke()　　　　　D．controller()
2．以下关于 Canvas 说法正确的是（　　）。
　　A．clearRect(width, height,left, top)清除宽为 width、高为 height，左上角顶点在(left,top)的矩形区域内的所有内容
　　B．drawImage()方法有 4 种原型
　　C．fillText()第 3 个参数 maxWidth 为可选参数
　　D．fillText()方法能够在画布中绘制字符串
3．以下关于 Canvas 说法正确的是（　　）。
　　A．HTML5 标准中加入了 WebSql 的 API
　　B．HTML5 支持 IE 8（包括 IE 8）以上的版本
　　C．HTML5 仍处于完善之中
　　D．HTML5 将取代 Flash 在移动设备中的地位
4．以下说法不正确的是（　　）。
　　A．HTML5 标准还在制定中　　　　B．HTML5 兼容 HTML4 及以下浏览器
　　C．<canvas>标签替代了 Flash　　　D．HTML5 简化了语法
5．关于 HTML5 说法错误的是（　　）。
　　A．Canvas 是 HTML 中可以绘制图形的区域
　　B．SVG 表示可缩放矢量图形
　　C．queryselector 的功能类似于 jQuery 的选择器
　　D．queryString 是 HTML5 查找字符串的新方法

项目 8
HTML5+CSS3 开发购物网首页

通过实现购物网站首页,学习 HTML5、CSS3 新特性,了解 HTML5 新标签,掌握 CSS3 新增属性以及响应式布局的应用,在项目实现过程中:

- 了解网站的设计流程
- 了解跨平台的新增属性
- 掌握 HTML5 标签的使用
- 掌握 CSS3 新增属性的使用

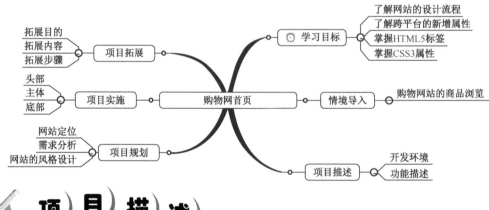

【情境导入】

随着 HTML5 的发展,目前很多 App 应用和跨设备的网站开始使用 HTML5 开发,许多购物网站、商业网站也应用了 HTML5 的新特性,本项目主要是实现购物网首页的设计。

【功能描述】

- 头部包括本网站导航栏、购物网站标题、登录和注册按钮

项目 8　HTML5+CSS3 开发购物网首页

- 主体包括图片、打折专区、购物网精美服饰
- 底部包括本站点的版权信息

【基本框架】

基本框架如图 8.1 所示，通过本项目的学习，能将框架图 8.1 转换成效果图 8.2。

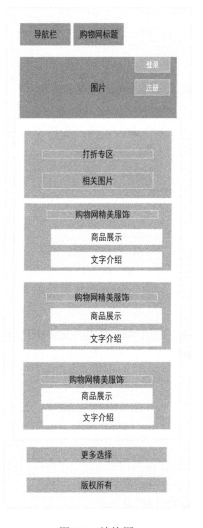

图 8.1　结构图　　　　　　　　　　图 8.2　效果图

8.1　网站定位

网站定位就是网站在互联网上扮演什么样的角色，向目标访问者传达什么样的概念，通

过网站用户可以获取哪些信息。

为了使消费者网上购物过程变得简单、方便、快捷，网上购物商场成了一种新型而热门的购物方式，客户是否愿意在网上下单，主要取决于商品的样式和价格。

明确了网站的客户群体是消费者后，再分析网站建设的目的。网站建设的目的就是满足消费者的使用。

8.2 需求分析

不同的客户群体对一个网站可能有不同的需求，这个需求是网站建设的基础。

1. 消费者需求

消费者的需求是通过该网站能够浏览到样式大方、物美价廉的产品，通过主页可以看到整个网站所包括的信息，如女装、男装、用户注册、用户登录、个人中心。

2. 管理者需求

在购物网站中，管理者主要负责商品的管理和用户信息的管理。

8.3 网站的风格设计

一个网站设计的好坏取决于网站使用的框架是否合理、网站的颜色是否和所要表达的主体贴近以及使用网站的社会群体。

在布局上，考虑到大多数人的浏览习惯，因此布局应采用横向版式，上中下的格局，并且将网站名称放入最佳视觉区域，通常为左上角。版面设计可以为多种元素的组合，版式设计简洁大方，并配合色彩风格形成独特的视觉效果。

通过下面七个步骤的操作，实现图 8.2 所示的购物网首页的设计。

第一步：打开 Dreamweaver CS6 软件，新建 CORE0801.html 文件。

第二步：新建 demo.css 文件，通过外联方式引入到 HTML 文件中。

第三步：在<head>中添加<meta>标签，使网页适应手机屏幕的宽度。代码如 CORE0801 所示。

```
//代码 CORE0801:<meta>标签
<meta content="width=device-width, initial-scale=1.0, minimum-scale=1.0, maximum-scale=1.0,user-scalable=no" name="viewport" />
<meta name="format-detection" content="telephone=no"/>
<meta name="apple-mobile-web-app-status-bar-style" />
```

第四步：初始化 CSS，重置浏览器样式。代码如 CORE0802 所示。

```
//代码 CORE0802:初始化 CSS
/* 初始化 CSS,重置浏览器样式*/
html, body, ul, li, ol, dl, dd, dt, p, h1, h2, h3, h4, h5, h6, form, fieldset,
```

```css
legend, img {
        margin:0;
        padding:0; }
    fieldset, img { border:none; } /*为了照顾 IE 6,链接的图片有边框*/
    img{display: block;}
    ul, ol { list-style:none; }
    input { padding-top:0; padding-bottom:0; font-family: "SimSun","宋体";}
    select, input { vertical-align:middle; }
     select, input, textarea { font-size:12px; margin:0; }
    textarea { resize:none; }
    table { border-collapse:collapse; }
    h1,h2,h3,h4,h5,h6{font-size:100%; font-weight:normal;}
    html,body {font-size:12px; color:#999;overflow-x: hidden;}
    .clearfix:after { content:"."; display:block; height:0; visibility:hidden; clear:both; }
    .clearfix { zoom:1; }
    .clearit { clear:both; height:0; font-size:0; overflow:hidden; }
    a { color:#666; text-decoration:none; }

    a:hover { color:#ff8400; text-decoration:none; }
    /*版心是可以控制的,所以以后应尽量把版心抽离出来*/
    .wrap{
        width: 1200px;/*正常的 PC 版心*/
    }
    /*小屏 PC 的版心*/
    @media screen and (min-width:960px) and (max-width:1200px){
        .wrap{
            width:960px;
        }
    }

    /*平板的版心*/
    @media screen and (min-width:640px) and (max-width:959px){
        .wrap{
            width:100%;
        }
    }
    /*手机端版心*/
    @media screen and (min-width:320px) and (max-width:639px){
        html {
            background: #fff;
            -webkit-text-size-adjust: none;
            -webkit-appearance:none;
            -webkit-touch-callout: none;
            -webkit-user-select: none;
            -webkit-tap-highlight-color:rgba(0, 0, 0, 0);
        }
    body{
            min-width: 320px;
            max-width: 640px;
            width: 100%;
            font-family:Helvetica,sans-serif;
            -webkit-font-smoothing: antialiased;
            -moz-osx-font-smoothing: grayscale;
        }
        .wrap{
            width:100%;
        }
    }
```

第五步：头部的制作。

头部为本网站的导航栏，包括购物网站标题、登录和注册按钮。导航栏在类似手机的分辨率上显示的是图片，在 PC 分辨率上显示的是男装、女装等信息。头部代码如 CORE0803 所示，效果如图 8.3 所示。

```html
//代码 CORE0803:头部 HTML 代码
<!--头部开始-->
<header class="site-nav">
   <div class="nav-inner wrap">
<div class="line"></div>
   <div class="yunLogo">
   <h1>
   <a href="#" title="购物网">购物网</a>
<span>购物网</span>
</h1>
</div>
   <nav class="nav">
   <ul>
       <li><a href="#" class="current">首页</a></li>
       <li><a href="#">男装</a></li>
       <li><a href="#">女装</a></li>
       <li><a href="#">童装</a></li>
       <li><a href="#">玩具</a></li>
       <li><a href="#">日用品</a></li>
       <li><a href="#">鞋子</a></li>
       <li><a href="#">个人中心</a></li>
   </ul>
</nav>
<nav class="nav nav1">
<ul>
<li><a href="#" class="current">首页</a></li>
<li><a href="#">男装</a></li>
<li><a href="#">女装</a></li>
<li><a href="#">鞋子</a></li>
<li><a href="#">玩具</a></li>
</ul>
</nav>
<div class="user"></div>
   <div class="user-btn">
   <a href="#" class="login">登录</a>
<a href="#" class="register">注册</a>
</div>
</div>
</header>
<!--头部结束-->
```

网站的头部结构制作完成后，开始修改头部网站的样式，代码 CORE0804 如下，效果如图 8.4 和图 8.5 所示。

 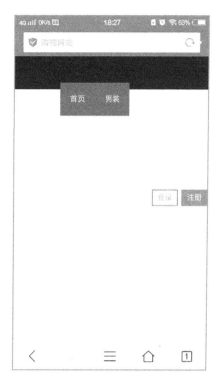

图 8.3　头部设置样式前　　　　　　图 8.4　头部设置样式后（手机端）

图 8.5　头部设置样式后（PC 端）

```
//代码 CORE0804:头部 CSS 样式
/*头部开始*/
.site-nav{
   height: 60px;
   background-color: #262626;
   }
.nav-inner{
   height: 60px;
   margin: 0 auto;
}
.yunLogo{
   float: left;
   width: 22%;
   height: 39px;
   background-color: purple;
   margin-top: 9px;
   background:url(../images/logo.png) no-repeat;
}
.yunLogo a{
   display:block;
   width: 100%;
   height: 39px;
   text-indent:-3000px;
}
```

```css
.yunLogo span{
   display:none;
}
.nav{
   float: left;
   margin-left:85px;
}

.nav li{
   float: left;}
.nav li a{
   display: inline-block;
   padding:0 18px;
   line-height: 60px;
   font-size:14px;
   color:white;
   height:60px;
   }
.nav li a.current,.nav li a:hover{
   background-color:#008aff;
   color:white;
   }
.nav1{
   display:none;
}
.user-btn{
   float: right;}
.user{
   width: 25px;
   height: 25px;
   background: url(../images/user-icon.png) no-repeat;
   background-size: contain;
   position: absolute;
   top:15px;
   right:10%;
   display:none;
}
.login,.register{
   width:45px;
   height:26px;
   border:2px solid #ff6400;
   float:left;
   text-align:center;
   line-height:26px;
   font-size:14px;
   color:#ff6400;
   margin-top:13px;
   }
.register{
   background-color: #ff6400;
   color:white;
   margin-left:6px;
}
```

可以发现手机端显示的效果并不是我们想要的，还需要设置手机端显示的效果，代码 CORE0805 如下，效果如图 8.6 所示。

```css
//代码 CORE0805:头部 HTML 代码
/*三条线小按钮*/
.line{
    width: 30px;
    height: 25px;
    position: absolute;
    background: url(../images/line3.png) no-repeat;
    top:20px;
    left:10%;
    display:none;
}
.toggle{
    background: url(../images/close.png) no-repeat;
}*/
/*处理导航开始*/
/*小屏 PC 的版心*/
@media screen and (min-width:960px) and (max-width:1200px){
    .nav{
        margin-left:0;
    }
    .nav li a{
        padding:0 15px;
    }
}

/*平板的版心*/
@media screen and (min-width:640px) and (max-width:959px){
    .yunLogo{
        width: 30%;
    }
    .nav{
        display:none;
    }
    .nav1{
        display:block;
        margin-left:0;
    }
    .nav ul li a{
        padding:0 10px;
    }

}
/*手机端的版心*/
@media screen and (min-width:320px) and (max-width:639px){
    .yunLogo a,.nav{
        display:none;
    }
    .yunLogo{
        background:none;
        width: 100%;
        height: 100%;
        color:#fff;
        font:2em/60px "微软雅黑";
        margin:0;
        text-align: center;
    }
    .user,.yunLogo span,.line{
        display:block;
    }
```

```css
.nav1{
    position: absolute;
    top:60px;
    z-index: 1;
    background: #262626;
    margin:0;
    width: 100%;
    border-top:1px solid #fff;
}
.nav li a{
    padding:0 8px;
}

.user-btn{
    position: absolute;
    top:60px;
    right:20px;
    z-index: 1;
    width: 60px;
    transform:translate(-20px,-350px);
    transition:all 0.5s;
}
.move{
    transform:translate(-20px,10px);
}
.user-btn a{
    margin:0;
    border:0;
    background: #fff;
    width: 100%;
    height: 35px;
    color:#333;
    text-align: center;
    line-height: 35px;
    border-radius: 5px;
    margin-bottom: 1px;
}
.user-btn a:hover{
    background:#ff6400;
}
}
```

第六步:Banner 部分。

Banner 部分为一张图片,需为图片设置样式。代码 CORE0806 如下,效果如图 8.7 所示。

```css
//代码 CORE0806:头部 HTML 代码
/*Banner 开始*/
.banner{
   background:#F00;
   width:100%;
   margin:0 auto;
}
.banner img{
   width:100%;}
@media screen and (min-width:320px) and (max-width:639px){
   .focus{
       display:block;
   }
```

```
.banner{
    display:block;
}
```

图 8.6　头部样式（手机端）

图 8.7　Banner 部分样式

第七步：购物网站内容介绍。

网站内容介绍分为两部分：第一部分为打折专区，第二部分为 VIP 专区。

打折专区主要为购物网站的图片显示。代码 CORE0807 如下，效果如图 8.8 所示。

```
//代码CORE0807:头部HTML代码
<!--打折专区开始-->
<div class="free">
<div class="inner wrap">
    <h2>打折专区</h2>
<p>每天好礼不断，购物网物美价廉</p>
<div class="free-desk">
    <ul>
        <li>
            <a href="#">
<img src="images/free_03.jpg">
</a>
</li>
        <li class="free-desk-m">
            <a href="#">
                <img src="images/free_05.jpg">
</a>
</li>
<li>
    <a href="#">
        <img src="images/free_07.jpg">
```

```
      </a>
   </li>
      </ul>
</div>
</div>
</div>
<!--打折专区结束-->
```

设置打折专区的样式,代码 CORE0808 如下,效果如图 8.9 所示。

图 8.8　打折专区设置样式前　　　　图 8.9　打折专区设置样式后

```
//代码 CORE0808:头部 CSS 代码
.free{
    height:auto;
    padding-top: 35px;
    overflow: hidden;
    }
.inner{
    margin:0 auto;
    text-align:center;
}
.free h2,.vip h2{
    font-size:30px;
    color:#333;
    font-family:'microsoft yahei';
    height:50px;
    }
.free p{
    font-size:14px;
    color:#999;
```

```
      height:38px;}
.free-desk{
   margin-bottom: 20px;
   overflow: hidden;
}
.free-desk li{
   float:left;
   width: 32%;
}
.free-desk li img{
   width: 100%;
}
.free-desk-m{
   margin:0 2%;
   }
```

设置完打折专区后开始编写 VIP 专区，该专区主要是商品的详细介绍，包括商品名称、单价等，代码 CORE0809 如下，效果如图 8.10 所示。

```
//代码 CORE0809：头部 HTML 代码
<!--VIP 专区开始-->
<div class="vip">
   <div class="inner wrap">
<h2>购物网精美服饰</h2>
<div class="all">
        <a href="#" class="current">全部服饰
   <span class="arrow"></span>
</a>
        <a href="#">男装</a>
        <a href="#">女装</a>
        <a href="#">童装</a>
        <a href="#">情侣装</a>
</div>
<div class="content clearfix">
   <ul>
       <li>
         <div class="con-img">
         <a href="article.html">
<img src="images/pic_03.jpg" alt="">
<div class="play">
<img src="images/play_06.png" alt="">
</div>
</a>
</div>
   <div class="con-title">
       <h2><span>女装</span><span class="price">¥140.00</span></h2>
<p>千源牛仔外套女短款 2016 春秋新款薄款韩版修身显瘦印花长袖褂子</p>
</div>
   <div class="con-buy">
      已经有 3215 人购买<a href="#">去看看</a>
</div>
</li>
<li class="margin">
   <div class="con-img">
   <a href="#">
<img src="images/pic_03.jpg" alt="">
<div class="play">
```

```html
    <img src="images/play_06.png" alt="">
   </div>
  </a>
</div>
```

设置 VIP 专区的样式，代码 CORE0810 如下，效果如图 8.11 和图 8.12 所示。

```css
//代码 CORE0810：头部 CSS 代码
/*VIP 专区开始*/
.vip{
   background:url(../images/vip-bg_03.png) repeat-x  #f2f2f2;
   padding:60px 0;
   }
.vip h2{
    height:45px;
    }
.all a{
   display:inline-block;
   width: 93px;
   height: 33px;
   border:2px solid #526da0;
   text-align:center;
   line-height:33px;
   font-size:14px;
   color:#526da0;
   border-radius:5px;
   position:relative;
   }
.all a.current{
   background-color: #526da0;
   color:white;
   }
.arrow{
   width: 0;
   height: 0;
   border-width:8px;
   border-style: solid dashed dashed dashed;
   border-color: #526da0 transparent transparent transparent;
   position: absolute;
   bottom:-16px;
   left:40px;
   overflow:hidden;
   }
.content{
   margin-top: 44px;
   }
.content li{
   width: 32%;
   height: 343px;
   background-color:white;
   float:left;
   margin-bottom:40px;
   border:1px solid #ccc;
   box-sizing: border-box;
   }
.content li:hover{
   border:1px solid #ff6400;
   }
.content li.margin{
```

```css
    margin:0 2% 40px;
}
.con-img{
    position:relative;
    width: 100%;
    height:auto;
}
.con-img img{
    width: 100%;
}
.play{
    position: absolute;
    top:50%;
    left:50%;
    margin:-38px 0 0 -38px;
    }
.con-title{
    margin-top:12px;
}
.con-title h2{
    font-size:18px;
    font-family:'microsoft yahei';
    text-align:left;
    height:27px;
     padding-left:10px;
    }
.con-title p{
    padding:0 10px;
    text-align:left;
    line-height:24px;
    }
.price{
    margin-left:65px;
    color:#ff6400;
    }
.con-buy{
    text-align: right;
    padding-right:10px;
    }
.con-buy a{
    width: 73px;
    height: 28px;
    background-color: #ff6400;
    display:inline-block;
    text-align:center;
    line-height:28px;
    color:white;
    border-radius:3px;
    }
.more{
    display:block;
    width: 253px;
    height: 50px;
    border:2px solid #526da0;
    border-radius:6px;
    margin:0 auto;
    font-size:18px;
    color:#526da0;
    text-align:center;
```

```
        line-height:50px;
        margin-top:40px;
     }
    .more:hover{
        background-color: #526da0;
        color:white;
     }
```

图 8.10　VIP 专区设置样式前

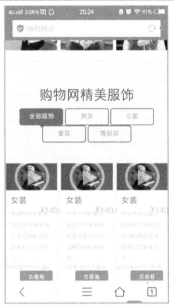

图 8.11　VIP 专区设置样式后（手机端）

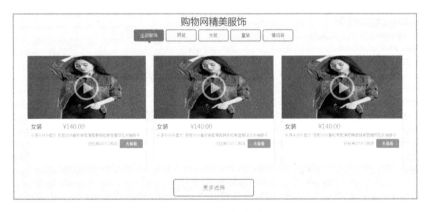

图 8.12　VIP 专区设置样式后（PC 端）

此时 PC 端显示正常，手机端显示不正常。设置手机端显示的样式，代码 CORE0811 如下，效果如图 8.13 所示。

```
//代码 CORE0811:购物网站相关信息介绍 HTML 代码
/*平板的版心*/
@media screen and (max-width:1200px){
    .con-title h2{
        height:auto;
    }
```

```
    .con-title h2 span{
        display:block;
    }
    .price{
        margin-left:0;
    }
}
/*手机端版心*/
@media screen and (min-width:320px) and (max-width:639px){
    .content li{
        width: 49%;
        margin:0 0 40px;
    }
    .content li.margin{
        margin:0 0 40px;
    }
    .content li:nth-child(odd){
        float: left;
    }
    .content li:nth-child(even){
        float: right;
    }
    .all{
        display:none;
    }
}
@media screen and (min-width:320px) and (max-width:400px){
    .content li{
        width: 100%;
        margin:0 0 40px 0;
    }
}
```

图 8.13　VIP 专区设置样式（手机端）

此时手机端显示正常。

第八步：尾部制作，相关代码 CORE0812 如下，效果如图 8.2 所示。

```
//代码 CORE0812:版权信息代码
.footer{
    border-top:2px solid #293751;
```

```
    }
    .footer-b{
        height:40px;
        line-height: 40px;
        background-color: #1b2435;
        text-align:center}
/* 平板的版心*/
@media screen and (max-width:959px){
    .footer-con dl{
        width: 20%;
    }
}
/* 手机版心*/
@media screen and (min-width:320px) and (max-width:480px){
    .erweima{
        display:none;
    }
    .footer-con dl{
        width: 25%;
    }
}
```

至此,购物网站首页制作完成。

【拓展目的】

巩固 HTML5 标签和 CSS3 属性的使用。

【拓展内容】

利用本项目介绍的技术和方法,制作手机携程网主界面,效果如图 8.14 所示。

【拓展步骤】

1. 设计思路

将网页分为 3 部分:头部为表单和个人信息,主体为携程网轮播图、相关内容介绍及 Banner 图,底部为本站点的导航和版权信息。

2. HTML 部分代码

HTML 部分代码 CORE0813 如下。

```
//代码 CORE0813:HTML 代码
<div id="focus" class="focus">
    <div class="hd">
        <ul></ul>
    </div>
    <div class="bd">
        <ul>
            <li><a href="#"><img src="images/1.jpg" /></a></li>
            <li><a href="#"><img src="images/2.png" /></a></li>
```

```
            <li><a href="#"><img src="images/3.jpg" /></a></li>
            <li><a href="#"><img src="images/4.jpg" /></a></li>
            <li><a href="#"><img src="images/5.jpg" /></a></li>
        </ul>
    </div>
</div>
```

图 8.14　效果图

3．CSS 主要代码

CSS 主要代码 CORE0814 如下。

```
//代码 CORE0814: CSS 主要代码
.focus{
   width:100%;
   height:auto;
   margin:0 auto;
   position:relative;
   overflow:hidden;
   padding-top:46px;}
.focus .hd{
   width:100%;
   height:5px;
   position:absolute;
   z-index:1;
   bottom:0;
   text-align:center;  }
```

```css
.focus .hd ul{
  overflow:hidden;
  display:-moz-box;
  display:-webkit-box;
  display:box;
  height:5px;
  background-color:rgba(51,51,51,0.5);  }
.focus .hd ul li{
  -moz-box-flex:1;
  -webkit-box-flex:1;
  box-flex:1; }
.focus .hd ul .on{
  background:#FF4000;  }
.focus .bd{
  position:relative;
  z-index:0; }
.focus .bd li img{
  width:100%;
  height:auto; }
.focus .bd li a{
  -webkit-tap-highlight-color:rgba(0, 0, 0, 0); /* 取消链接高亮 */ }
```

项目总结

本项目通过购物网站主界面和手机携程网主界面的学习,掌握了 HTML5 新标签、CSS3 新增属性及响应式布局的应用。

附录

参考答案

项目 1
1～5　ABBBC
项目 2
1～5　AABDB
项目 3
1～5　DCABA
项目 4
1～5　DCCDA
项目 5
1～5　ABCD　CBAD
项目 6
1～5　CDCAD
项目 7
1～5　DDDAD

参 考 文 献

[1] 爱飞翔. HTML5 Canvas 核心技术. 北京：机械工业出版社，2013.

[2] 徐琴，由芸. HTML5 网页设计与实现. 北京：清华大学出版社，2015.

[3] 明日科技. HTML5 从入门到精通. 北京：清华大学出版社，2012.

[4] [荷]Peter Lubbers，[美]Brian Albers, Frank Salim. HTML5 程序设计. 2 版. 李杰，柳靖，刘淼译. 北京：人民邮电出版社，2012.

[5] [美]Brian Hogan. HTML5 和 CSS3 实例教程. 李杰，刘晓娜，朱嵬译. 北京：人民邮电出版社，2012.

[6] [美]Antbony T.Holdener，[阿根廷]Mario Andres Pagella. 深入 HTML5 应用开发. 秦绪文，李松峰译. 北京：人民邮电出版社，2012.

反侵权盗版声明

电子工业出版社依法对本作品享有专有出版权。任何未经权利人书面许可，复制、销售或通过信息网络传播本作品的行为；歪曲、篡改、剽窃本作品的行为，均违反《中华人民共和国著作权法》，其行为人应承担相应的民事责任和行政责任，构成犯罪的，将被依法追究刑事责任。

为了维护市场秩序，保护权利人的合法权益，我社将依法查处和打击侵权盗版的单位和个人。欢迎社会各界人士积极举报侵权盗版行为，本社将奖励举报有功人员，并保证举报人的信息不被泄露。

举报电话：（010）88254396；（010）88258888
传　　真：（010）88254397
E-mail：　dbqq@phei.com.cn
通信地址：北京市万寿路 173 信箱
　　　　　电子工业出版社总编办公室
邮　　编：100036